铁路职业教育高职高专规划教材

电工电子基本技能训练指导书

主　编　于彦良　陈　娜
副主编　马保怀

西南交通大学出版社
·成　都·

图书在版编目（CIP）数据

电工电子基本技能训练指导书 / 于彦良，陈娜主编. —成都：西南交通大学出版社，2015.11（2023.1 重印）
铁路职业教育高职高专规划教材
ISBN 978-7-5643-4367-5

Ⅰ. ①电… Ⅱ. ①于… ②陈… Ⅲ. ①电工技术 – 高等职业教育 – 教材②电子技术 – 高等职业教育 – 教材 Ⅳ. ①TM②TN

中国版本图书馆 CIP 数据核字（2015）第 258380 号

铁路职业教育高职高专规划教材
电工电子基本技能训练指导书
主编　于彦良　陈　娜

责 任 编 辑	黄淑文
封 面 设 计	墨创文化
出 版 发 行	西南交通大学出版社 （四川省成都市金牛区二环路北一段 111 号 西南交通大学创新大厦 21 楼）
发行部电话	028-87600564　028-87600533
邮 政 编 码	610031
网　　　址	http://www.xnjdcbs.com
印　　　刷	成都蓉军广告印务有限责任公司
成 品 尺 寸	170 mm × 230 mm
印　　　张	11
字　　　数	186 千
版　　　次	2015 年 11 月第 1 版
印　　　次	2023 年 1 月第 4 次
书　　　号	ISBN 978-7-5643-4367-5
定　　　价	28.00 元

课件咨询电话：028-87600533
图书如有印装质量问题　本社负责退换
版权所有　盗版必究　举报电话：028-87600562

前　言

本书是根据"全国高等职业院校规划教材编写委员会"的要求及高职高专学校电工电子实训教学大纲编写的。

本书内容充分体现以能力为本位的指导思想，强调知识的实用性，降低了理论分析的难度和深度，以"必需"和"够用"为尺度，并强化学生能力培养。以具体实训项目促进知识的掌握和技能的培养。包括安全用电常识、常用电工工具的使用、常用电工仪表的使用、常用电子器件质量判断、常用低压电器的识别、焊接工艺、单相可控调压电路的安装/调试/检测、导线的加工工艺、室内照明电路的安装与检修、三相异步电动机基本控制线路的安装/调试/检修、变频器的使用/维护/检修，共十一个项目单元，每个项目下有若干个任务，从任务理论知识、任务实施步骤及方法、任务注意事项和任务知识巩固几个方面来完成训练内容。

本书在编写过程中突出实践特色，以培养学生动手能力为主要任务，指导学生掌握电工电子元器件的基本操作、应用电路的安装、调试方法和技巧，理论联系实际，培养学生独立思考的能力、解决问题的能力和科学思维的能力，达到对学生进行综合训练的目的。

本书可作为高等职业院校机电类、电气类及相关专业电工电子技术课程的实训教材，也可作为维修电工职业技能训练及相关工程技术人员的参考书。

本书由河北轨道运输职业技术学院于彦良、陈娜任主编，马保怀任副主编，刘玮、毕晓峰两位老师参编。具体编写分工如下：项目一、二、三由于彦良编写，项目四、五、六由陈娜编写，项目七由马保怀编写，项目八、九由刘玮编写，项目十、十一由毕晓峰编写。

由于编者水平有限，书中难免有错误和不妥之处，敬请广大读者批评指正。

编　者

2015 年 10 月

目　录

项目 1　安全用电常识 ··· 1

项目 2　常用电工工具的使用 ··· 7
　任务 2.1　验电器的使用 ··· 7
　任务 2.2　旋具的使用 ·· 11
　任务 2.3　钢丝钳的使用 ·· 14
　任务 2.4　尖嘴钳、斜口钳、剥线钳的使用 ····················· 16
　任务 2.5　电工刀的使用 ·· 17

项目 3　常用电工仪表的使用 ··· 19
　任务 3.1　指针式万用表和数字式万用表的使用 ············· 19
　任务 3.2　兆欧表的使用 ·· 28
　任务 3.3　钳形电流表的使用 ··· 32
　任务 3.4　直流单臂电桥的使用 ····································· 35
　任务 3.5　直流双臂电桥的使用 ····································· 38
　任务 3.6　功率表的使用 ·· 42

项目 4　常用电子器件的质量判断 ····································· 46
　任务 4.1　电阻器的质量判断 ··· 46
　任务 4.2　电容器的质量判断 ··· 53
　任务 4.3　电感器的质量判断 ··· 57
　任务 4.4　二极管的质量判断 ··· 61
　任务 4.5　三极管的质量判断 ··· 66
　任务 4.6　晶闸管的质量判断 ··· 73

项目 5　常用低压电器的识别 ··· 78

项目 6　焊接工艺 ··· 95
　任务 6.1　常见的几种焊接工艺 ····································· 95

任务 6.2　整流电路的焊接 ·· 102
　　任务 6.3　滤波电路的焊接 ·· 106

项目 7　单相可控调压电路的安装、调试和故障检测 ······················ 109
　　任务 7.1　单相可控调压电路的安装 ······································ 110
　　任务 7.2　单相可控调压电路的调试 ······································ 111
　　任务 7.3　单相可控调压电路的故障检测 ································ 112

项目 8　导线的加工工艺 ·· 114

项目 9　室内照明电路的安装与检修 ··· 128
　　任务 9.1　室内照明电路的安装 ·· 128
　　任务 9.2　室内照明电路的故障检修 ······································ 137

项目 10　三相异步电动机基本控制线路的安装、调试与故障检修 ····· 141
　　任务 10.1　三相异步电动机点动和自锁控制线路的安装 ··········· 141
　　任务 10.2　三相异步电动机正反转控制线路的安装 ················· 146
　　任务 10.3　三相异步电动机顺序控制线路的安装 ···················· 150
　　任务 10.4　三相异步电动机 Y-Δ 降压启动能耗制动控制线路的
　　　　　　　安装、调试与故障检修 ··· 154

项目 11　变频器的使用、维护及故障检修 ···································· 159
　　任务 11.1　变频器的使用 ·· 159
　　任务 11.2　变频器的维护及故障检修 ···································· 166

参考文献 ·· 170

项目1　安全用电常识

【学习目标】

（1）了解人体触电的类型和危害；
（2）掌握电工基本安全知识。

【理论知识】

1. 人身触电事故

1）安全电压

安全电压值的等级分为 42 V、36 V、24 V、12 V 和 6 V，而直流电压不超过 120 V。通过人体的电流越大，对人体的伤害越大。通过人体电流的大小，主要取决于加在人体的电压和人体的电阻。人体电阻一般为 100 kΩ，皮肤潮湿时可降到 1 kΩ以下。因此，接触的电压越高，对人体的伤害越大。一般将 36 V 以下的电压作为安全电压，但在潮湿的环境中人体电阻会减小，因此应使用 12 V 安全电压。

当电流流过人体时对人体内部造成的生理机能的伤害，称为人身触电事故。电流对人体伤害的严重程度一般与通过人体电流的大小、时间、部位、频率和触电者的身体状况有关。流过人体的电流越大，危险越大；电流通过人体脑部和心脏时最为危险；工频电流危害要大于直流电流。不同电流对人体的影响如表 1-1 所示。

2）感知电流

当流过成年人体的电流为 0.7~1 mA 时，便能够被感觉到，称之为感知电流。虽然感知电流一般不会对人体造成伤害，但是随着电流的增大，人体反应变得强烈，可能造成高空坠落事故。

表 1-1 不同电流对人体的影响

电流/mA	通电时间	人体反应	
		工频电流	直流电流
0~0.5	连续通电	无感觉	无感觉
0.5~5	连续通电	有麻刺感、疼痛、无痉挛	无感觉
5~10	数分钟内	痉挛、剧痛、但可摆脱电源	有针刺感、压迫感及灼热感
10~30	数分钟内	迅速麻痹、呼吸困难、血压升高、不能摆脱电源	压痛、刺痛、灼热强烈、有抽搐
30~50	数秒钟~数分钟	心跳不规则、昏迷、强烈痉挛、心脏开始颤动	感觉强烈、有剧烈痉挛
50至数百	低于心脏搏动周期	受强烈冲击、但没发生心室颤动	剧痛、强烈痉挛、呼吸困难或麻痹
	高于心脏搏动周期	昏迷、心室颤动、呼吸麻痹、心脏麻痹或停跳	

3）摆脱电流

触电后能自行摆脱的最大电流称为摆脱电流。对于成年人而言，摆脱电流一般在 15 mA 以下，摆脱电流被认为是人体在较短时间内可以忍受而一般不会造成危险的电流。

4）致命电流

在较短时间内会危及生命的最小电流称为致命电流。当通过人体的电流达到 50 mA 以上时，则有生命危险。

5）安全电流

一般情况下，30 mA 以下的电流通常在短时间内不会造成生命危险，我们将其称为安全电流。

6）触电伤害

触电事故对人体造成的直接伤害主要有电击和电伤两种。电击是指电流通过人体细胞、骨骼、内脏器官、神经系统等造成的伤害。电伤一般是指由于电流的热效应、化学效应和机械效应对人体外部造成的局部伤害，如电弧伤、电灼伤等。此外,人身触电事故经常对人体造成二次伤害。二次伤害是指因为触电引起的高空坠落,以及电气着火、爆炸等对人造成的伤害。

2. 人体触电的类型

1)单相触电

由于电线绝缘破损、导线金属部分外露、导线或电气设备受潮等原因使其绝缘部分的能力降低,导致站在地上的人体直接或间接地与火线接触,这时电流就通过人体流入大地而造成单相触电事故,如图1-1所示。

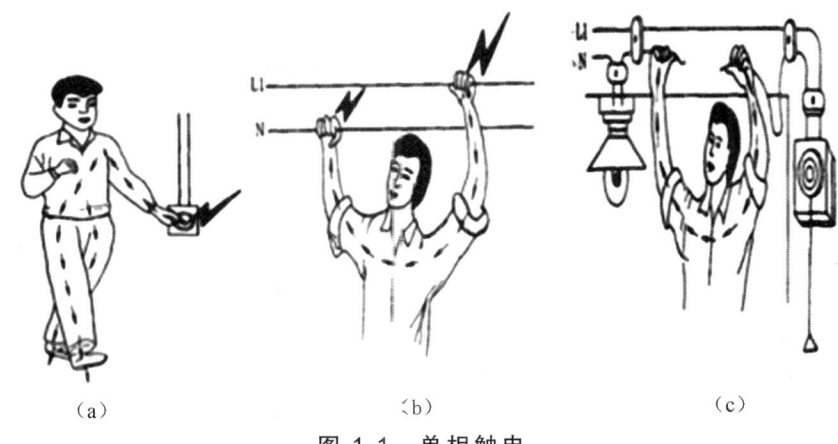

图 1-1 单相触电

2)两相触电

两相触电是指人体同时触及两相电源或两相带电体,电流由一相经人体流入另一相时,加在人体上的最大电压为线电压,其危险性最大。两相触电如图1-2所示。

图 1-2 两相触电

3）跨步电压触电

对于外壳接地的电气设备，当绝缘损坏而使外壳带电或导线断落发生单相接地故障时，电流由设备外壳经接地线、接地体（或由断落导线经接地点）流入大地，向四周扩散。如果此时人站立在设备附近地面上，两脚之间也会承受一定的电压，称为跨步电压。跨步电压的大小与接地电流、土壤电阻率、设备接地电阻及人体位置有关。当接地电流较大时，跨步电压会超过允许值，导致人身触电事故。特别是在发生高压接地故障或雷击时，会产生很高的跨步电压，如图1-3所示。跨步电压触电也是危险性较大的一种触电方式。

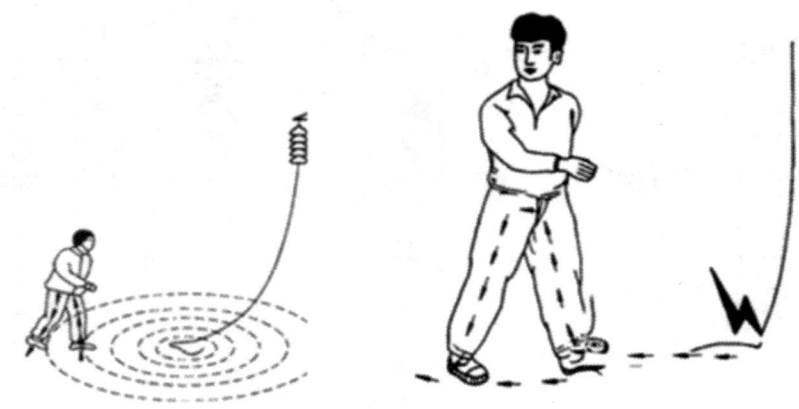

图1-3　跨步电压触电

除以上3种触电形式外，还有感应电压触电、剩余电荷触电等，此处不作介绍。

【任务实施步骤及方法】

1．熟悉人身安全知识

（1）操作前，应对所用工具的绝缘手柄、绝缘手套和绝缘靴等安全用具的绝缘性能进行测试，有问题的不可使用，应马上调换。

（2）操作时，如果邻近带电器件，应保证有可靠的安全距离。

（3）进行停电操作时，应严格遵守相关规定，切实做好防止突然送电的各项安全措施，如锁上刀开关并悬挂"有人工作，不许合闸"的警告牌等，绝不允许约定时间送电。

（4）操作人员在进行登高作业前，必须仔细检查登高工具（安全带、脚扣、梯子等）是否牢固可靠。未经登高训练的人员，不允许进行登高作业，登高作业时应使用安全带。

（5）当发现有人触电时，应立即采取正确的抢救措施。

（6）在维修或安装电气设备、电路时，必须严格遵守各项安全操作规程和规定。

2．熟悉设备运行安全知识

（1）对于开关设备的操作，必须严格遵照操作规程进行：合上电源时，应先合隔离开关（一般不具有灭弧装置），再合负荷开关（具有灭弧装置）；分断电源时，应先断开负荷开关，再断开隔离开关。

（2）对于出现异常现象（过热、冒烟、异味、异声等）的电气设备、装置和电路，应立即切断其电源，及时进行检修，只有在故障排除后，才可以继续运行。

（3）在需要切断故障区域电源时，要尽量缩小停电范围。有分路开关的，应尽量切断故障区域的分路开关，避免越级切断电源。

（4）应避免电气设备受潮，设备放置位置应有防止雨、雪和水侵袭的措施。电气设备在运行时往往会发热，所以要有良好的通风条件，有的还要有防火措施。

（5）有裸露带电体的设备，特别是高压设备，要有防止小动物窜入造成短路事故的措施。

（6）所有电气设备的金属外壳，都必须有可靠的保护接地或接零措施。

（7）对于有可能被雷击的电气设备，要安装防雷装置。

【任务实施注意事项】

（1）不掌握电气知识和技术的人员，不可安装和拆卸电气设备及电路。

（2）禁止用一线（相线）一地（接地）安装用电器具。

（3）开关控制的必须是相（火）线。

（4）绝不允许私自乱接电线，不可用金属丝绑扎电源线，不可用铁丝或铜丝代替正规熔体。

（5）在一个插座上，不可接过多或功率过大的用电器。

（6）不可用湿手接触带电的电器，如开关、灯座等，更不可用湿布揩擦电器。

（7）电动机和电气设备上不可放置衣物，不可在电动机上坐立，雨具不可挂在电动机或开关等电器的上方。

（8）任何电气设备或电路的接线桩头均不可外露。

（9）堆放和搬运各种物资、安装其他设备时，要与带电设备和电源线相距一定的安全距离。

（10）在搬运电钻、电焊机和电炉等可移动电器之前，应首先切断电源，不允许拖拉电源线来搬移电器。

（11）发现任何电气设备或电路的绝缘有破损时，应及时对其进行绝缘恢复。

（12）在潮湿环境中使用可移动电器，必须采用额定电压为 36 V 的低压电器，若采用额定电压为 220 V 的电器，其电源必须采用隔离变压器；在金属容器如锅炉、管道内使用移动电器，一定要用额定电压为 12 V 的低压电器，并要加接临时开关，还要有专人在容器外监护；低压移动电器应配装特殊型号的插头，以防插入电压较高的插座上。

（13）雷雨时，不要接触或走近高电压电杆、铁塔和避雷针接地导线的周围，不要站在高大的树木下，以防雷电入地时发生跨步电压触电；雷雨天禁止在室外变电所或室内的架空引入线上作业。

（14）切勿走近断落在地面上的高压电线，万一高压电线断落在身边或已进入跨步电压区域时，要立即用单脚或双脚并拢跳到 10 m 以外的地方。为了防止跨步电压触电，千万不可奔跑。

【任务知识巩固】

（1）人体的安全电压是多少？
（2）人体触电的类型有哪些？
（3）进行停电操作时，应注意哪些事项？

项目 2 常用电工工具的使用

【项目学习目标】

(1) 掌握常用电工工具的使用方法，并能够熟练操作；
(2) 能够根据具体要求，选取合适的电工工具。

【项目实施环境】

常用电工工具：验电器、旋具、钢丝钳、尖嘴钳、断线钳、剥线钳、电工刀。

任务 2.1 验电器的使用

【任务理论知识】

验电器是检验导线和电气设备是否带电的常用检测工具，可分为低压验电器和高压验电器两种。

1. 低压验电器

低压验电器又称测电笔，有笔式和旋具式两种，外形如图 2-1 所示。笔式低压验电器由氖泡、电阻、弹簧、笔身和笔尖等组成。当用低压验电器测带电体时，电流经带电体、测电笔、人体、大地形成回路，只要带电体与大地之间的电位差超过 60 V，测电笔中的氖泡就发光。低压验电器测试范围为 60～500 V。常见低压验电笔的结构如图 2-2 所示。

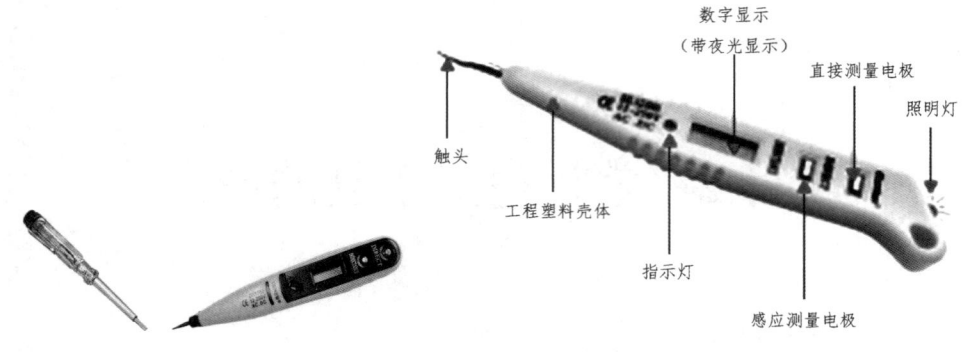

图 2-1　常见低压验电器外形图

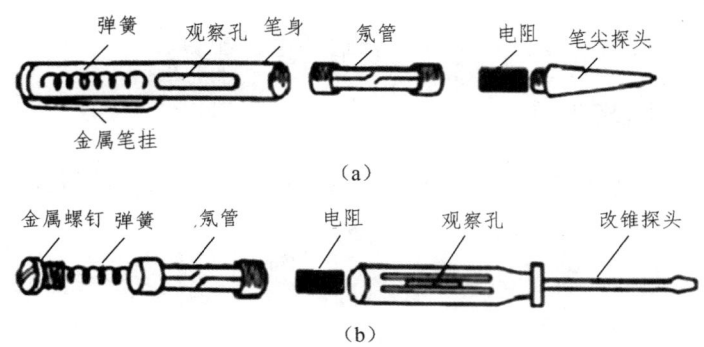

（a）钢笔式验电笔　　　　（b）改锥式验电器

图 2-2　常见低压验电笔的结构图

2．高压验电器

高压验电器又称高压测电器，属于防护性用具，主要用来测量电力输送网络中的高压电（1 000 V 以上）。常见高压验电器的外形如图 2-3 所示。10 kV 高压验电器由金属钩、氖管、氖管窗、紧固螺钉、护环和握柄组成，其结构如图 2-4 所示。

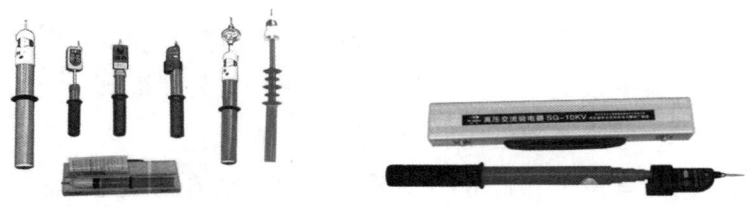

图 2-3　常见高压验电器外形图

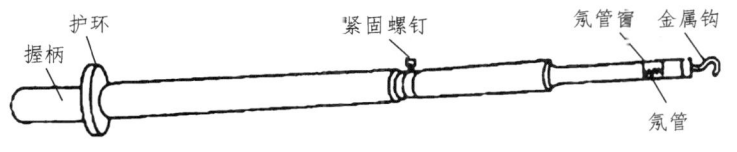

图 2-4　高压验电器的结构图

【任务实施步骤及方法】

1. 低压验电器的使用

低压验电器的正确握法如图 2-5 所示。

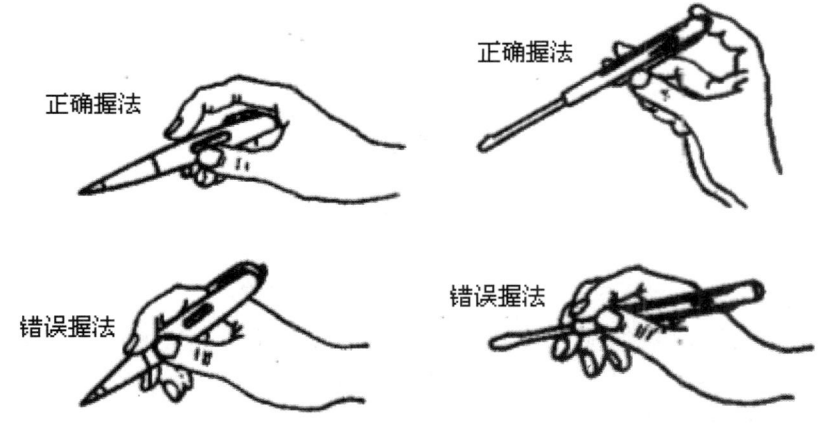

图 2-5　低压验电器的正确握法

（1）判断电压高低：测试时可根据氖管发光的强弱来判断电压的高低，氖管越亮，则电压越高。

（2）判断相线与零线：在正常情况下，在交流电路中，当验电器触及相线时，氖管发光；当验电器触及零线时，氖管不发光。

（3）判断直流电与交流电：交流电通过验电器时，氖管里的两极同时发光；直流电通过验电器时，氖管两极只有一极发光。

（4）判断直流电的正、负极：把验电器连接在直流电的正、负极之间，氖管中发光的一极即为直流电的负极。

（5）判断电源相线对地漏电：对地漏电的那一相电源测试时亮度较弱。

（6）判断交流电的同相和异相：两手各持一支验电笔，站在绝缘体上，将两支笔同时触及待测的两条导线,如果两支验电笔的氖泡均不太亮,则表明两条导线是同相;若发出很亮的光,说明是异相。

2. 高压验电器的使用

(1)验电时操作人员应戴绝缘手套,手握在护环以下的握柄部分,如图 2-6 所示。

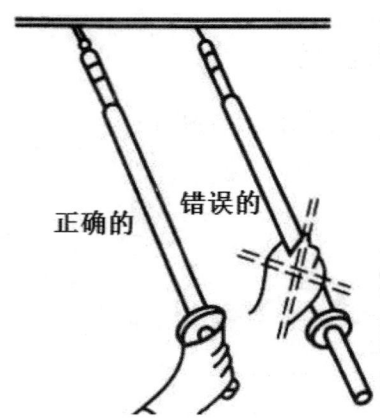

图 2-6　高压验电器的使用方法

(2)验证验电器性能完好。先在有电的设备上进行检验,检验时应逐渐移近带电设备至发光或发声为止,然后再在需要进行验电的设备上检测。

(3)用验电器检测时,也应同样渐渐地向设备移近,直至直接触及设备导电部分,此过程一直无光无声指示,则可判断无电。反之,若在移近过程中突然有发光或发声指示,则应停止验电。

【任务实施注意事项】

1. 低压验电器的使用注意事项

(1)使用验电笔之前,首先要检查验电笔的适用电压是否高于待测带电体的电压、验电笔里有无安全电阻,再直观检查验电笔是否有损坏、有无受潮或进水、是否有破裂,检查无误后才能使用。

(2)使用验电笔时不能用手触及验电笔前端的金属探头,否则会造成人身触电事故。

（3）使用验电笔时一定要用手触及验电笔尾端的金属部分，否则因带电体、验电笔、人体与大地没有形成回路，验电笔的氖泡不会发光，会造成误判，以为带电体不带电，这是十分危险的。

2. 高压验电器的使用注意事项

（1）使用高压验电器之前应对其进行检查，确定其绝缘完好，氖管发光正常，与被测设备电压等级相适应。

（2）进行测量时，应使高压验电器逐渐靠近被测物体，直至氖管发光，然后立即撤回。

（3）使用高压验电器验电时，必须在气候条件良好的情况下进行。

（4）人体与带电体应保持足够的安全距离，10 kV 高压的安全距离为 0.7 m 以上。

【任务知识巩固】

（1）低压验电器的测试范围是多少？
（2）高压验电器适用于哪些场合？

任务 2.2　旋具的使用

【任务理论知识】

1. 螺钉旋具

常用的螺钉旋具是改锥（又称螺丝刀），用来紧固或拆卸螺钉，按头部形状可分为一字形和十字形，外形如图 2-7 所示。一字形旋具其规格用柄部以外的长度表示，有 50 mm、100 mm、150 mm 和 200 mm 几种规格。电工必备的旋具为 50 mm 和 150 mm 两种。十字形旋具专供紧固和拆卸十字槽的螺钉，有四种规格：分别适用于直径 2～2.5 mm、3～3.5 mm、6～8 mm、10～12 mm 的螺钉。磁性旋具按握柄材料可分为木质绝缘柄旋具和塑胶绝缘柄旋具。

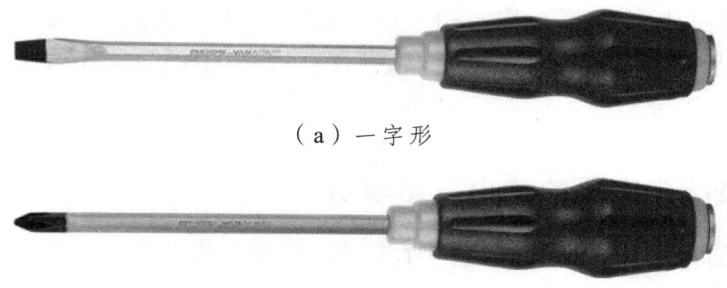

（a）一字形

（b）十字形

图 2-7　螺钉旋具

2. 活动扳手

活动扳手又称活络扳头，是用来紧固和松起螺母的一种专用工具。其外形如图 2-8 所示

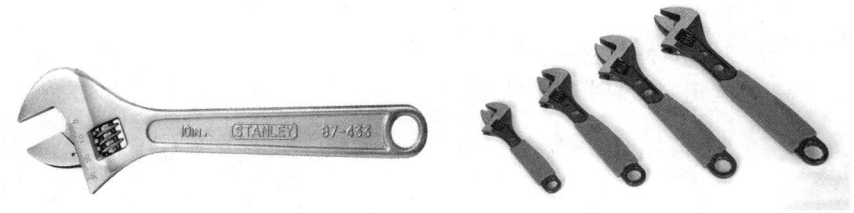

图 2-8　活动扳手外形图

3. 固定扳手

固定扳手的扳口为固定口径，不能调整，但使用时不易打滑。其外形如图 2-9 所示。

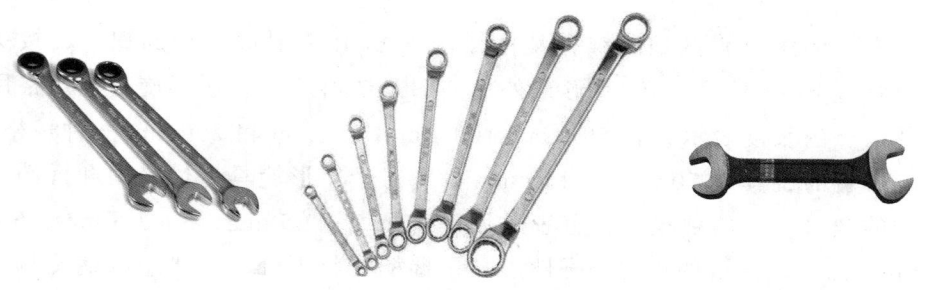

图 2-9　固定扳手外形图

【任务实施步骤及方法】

1. 螺钉旋具的使用

（1）大旋具一般用来紧固较大的螺钉。使用时，除大拇指、食指和中指要夹住握柄外，手掌还要顶住柄的末端，这样就可以防止旋具转动时滑脱，如图 2-10 所示。

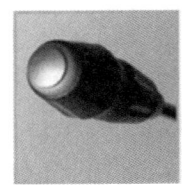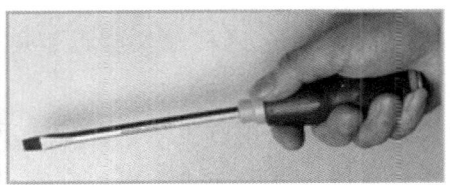

图 2-10　旋具使用图

（2）小旋具一般用来紧固电气装置接线桩头上的小螺钉，使用时，可用手指顶住木柄的末端捻转，以顺时针方向旋转为上紧，逆时针为下卸。

2. 扳手的使用

（1）扳动较大螺母时，常用较大的力矩，手应握在近柄尾处；扳动较小螺母时，所用力矩不大，但螺母过小易打滑，故手应握在接近扳头的地方，这样可随时调节蜗轮，收紧活动扳唇，防止打滑。

（2）活动扳手不可反用，以免损坏活动扳唇，也不可用钢管接长手柄施加较大的扳拧力矩，如图 2-11 所示。

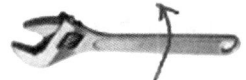

（a）正确用法

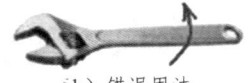

（b）错误用法

图 2-11　活动扳手使用图

(3)固定扳手使用时,应使扳口与被固定器件的平面保持水平,以免用力时打滑。

【任务实施注意事项】

(1)电工不可使用金属杆直通的旋具,否则容易造成触电事故。

(2)使用旋具紧固和拆卸带电的螺钉时,手不得触及旋具的金属杆,以免发生触电事故。

(3)为了避免旋具的金属杆触及临近带电体,应在金属杆上穿绝缘套管。

(4)使用长旋具时,可用右手压紧并旋转手柄,左手握住旋具中间部分,以使旋具不致滑脱。此时左手不得放在螺钉的周围,以免旋具滑出时将手划伤。

【任务知识巩固】

(1)使用大旋具的时候应注意哪些问题?
(2)使用活动扳手时怎样防止打滑?

任务 2.3 钢丝钳的使用

【任务理论知识】

钢丝钳是一种夹持或折断金属薄片、切断金属丝的工具,在电工作业时用途广泛。钢丝钳外形如图 2-12 所示。

图 2-12 钢丝钳的外形

钢丝钳由钳头、钳柄和绝缘管组成，其中钳头由钳口、齿口、刀口和铡口构成，如图 2-13 所示。

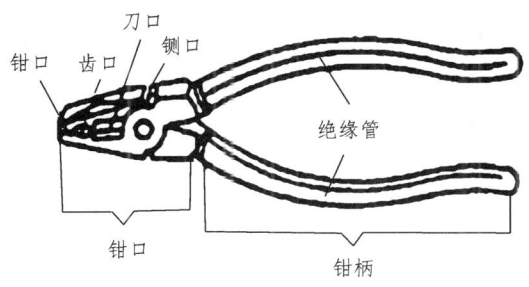

图 2-13　钢丝钳的结构

【任务实施步骤及方法】

钢丝钳各用途的使用方法如图 2-14 所示。

（1）钳口可用来弯绞或钳夹导线线头；

（2）齿口可用来紧固或起松螺母；

（3）刀口可用来剪切导线或钳削导线绝缘层；

（4）铡口可用来铡切导线线芯、钢丝等较硬线材。

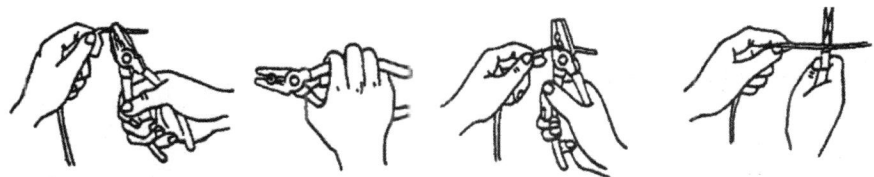

图 2-14　钢丝钳各用途的使用方法

【任务实施注意事项】

（1）使用钢丝钳前，应检查其绝缘是否良好，以免带电作业时造成触电事故。

（2）使用钢丝钳剪切带电导线时，不得用刀口同时剪切不同电位的两根线（如相线与零线、相线与相线等），以免发生短路事故。

【任务知识巩固】

（1）钢丝钳的使用方法有哪些？

任务 2.4　尖嘴钳、斜口钳、剥线钳的使用

【任务理论知识】

1. 尖嘴钳

尖嘴钳外形如图 2-15 所示，因其头部尖细，故适用于在狭小的工作空间操作。

2. 斜口钳

斜口钳专用于剪断各种电线电缆，其外形如图 2-16 所示。对粗细不同、硬度不同的材料，应选用大小合适的斜口钳。

3. 剥线钳

剥线钳是专用于剥削较细小导线绝缘层的工具，其外形如图 2-17 所示。

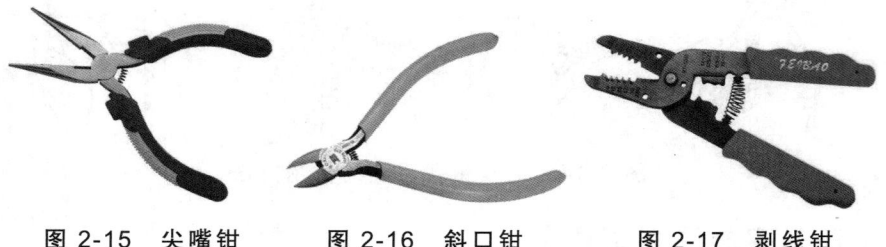

图 2-15　尖嘴钳　　　图 2-16　斜口钳　　　图 2-17　剥线钳

【任务实施步骤及方法】

1. 尖嘴钳的使用

（1）剪断较细小的导线。
（2）夹持较小的螺钉、螺帽、垫圈、导线等。
（3）对单股导线整形（如平直、弯曲等），例如将单股导线弯成一定圆弧的接线鼻子。

2. 斜口钳的使用

斜口钳可用来剪断较粗的金属丝或电线电缆，常用规格有 130 mm、160 mm、180 mm 和 200 mm 四种。

3. 剥线钳的使用

使用剥线钳剥削导线绝缘层时，先将要剥削的绝缘长度用标尺定好，然后将导线放入相应的刃口中（比导线直径稍大），再用手将钳柄一握，导线的绝缘层即被剥离。

【任务实施注意事项】

（1）使用尖嘴钳带电作业，应检查其绝缘是否良好，作业时金属部分不要触及人体或邻近的带电体。

（2）在导线加工过程中，斜口钳和剥线钳经常组合使用。

【任务知识巩固】

尖嘴钳、斜口钳和剥线钳分别适用于什么场合？

任务 2.5　电工刀的使用

【任务理论知识】

电工刀是用来剖削电线线头、刃割木台缺口、削制木的专用工具，其外形如图 2-18 所示。

图 2-13　电工刀

【任务实施步骤及方法】

使用电工刀时，应将刀口朝外剖削，在剖削导线绝缘层时，应使刀面与导线呈较小的锐角，以免割伤导线。

【任务实施注意事项】

（1）不得将电工刀用于带电作业，以免触电。
（2）应将电工刀刀口朝外剖削，并注意避免伤及手指。
（3）电工刀使用完毕，随即将刀身折进刀柄。

【任务知识巩固】

电工刀的主要用途有哪些？

项目3 常用电工仪表的使用

【项目学习目标】

（1）熟练掌握常用电工仪表的使用方法。
（2）了解常用电工仪表的使用注意事项。

【项目实施环境】

常用电工仪表：指针式万用表、数字式万用表、兆欧表、钳形电流表、QJ23型直流单臂电桥、QJ44型直流双臂电桥、功率表、导线若干、电动机直流绕组。

任务3.1 指针式万用表和数字式万用表的使用

【任务理论知识】

1. 电工仪表基本知识

电工仪表是用于测量电压、电流、电能、电功率等电量和电阻、电感、电容等电路参数的仪表，在电气设备安全、经济、合理运行的监测与故障检修中起着十分重要的作用。电工仪表的结构性能及使用方法会影响电工测量的精确度，电工必须能合理选用并正确使用电工仪表。

1）常用电工仪表的分类

常用电工仪表按其测量方法、结构、用途等方面的特性不同，可以分为：指示仪表（它把电量直接转换成指针偏转角，如指针式万用表）、比较仪表（它与标准器比较，并读取二者比值，如直流电桥）、图示仪表（它显示两个相关量的变化关系，如示波器）、数字仪表（它把模拟量转换成数字量直接显示，如数字万用表）。

常用电工仪表按测量对象的不同，可分为电流表、电压表、功率表、电度表、欧姆表等。

按结构特点及工作原理的不同，可分为磁电式、电磁式、电动式、感应式、整流式、静电式和数字式等。

按准确度的等级不同，可分为0.1级、0.2级、0.5级、1.0级、1.5级、2.5级和4.0级共七个等级。

按使用性质和装置方法的不同，可分为固定式仪表和便携式仪表等。

2）常用电工仪表的等级

电工仪表的等级是指在规定条件下使用时，可能产生的误差占满刻度的百分数，表示的是仪表精确度的级别，级别的数字越小，精确度就越高。通常 0.1 级和 0.2 级仪表用作标准表，0.5 级至 1.5 级仪表用于实验，1.5 级和 4.0 级仪表用于工程。例如用 0.1 级和 4.0 级的两只同样 10 A 量程的电流表分别去测 8 A 的电流，0.1 级表可能产生的误差为 0.01 A，而 4.0 级表可能产生的误差为 0.4 A。另外，同一只仪表使用的量程恰当与否也会影响测量的精确度。因此，对同一只仪表而言，在满足测量要求的前提下，用小的量程测量比用大的量程测量精确度高。所以通常选择量程时应使读数占满刻度 2/3 左右为宜。

2．指针式万用表

1）指针式万用表的结构

指针式万用表是一种可测量多种电量的多量程便携式仪表，主要由表头、转换开关、测量线路、面板等组成。表头为高灵敏度的磁电式电流表，是测量的显示装置；转换开关用来选择被测电量的种类和量程；测量线路将不同性质和大小的被测电量转换为表头所能接收的直流电流。图 3-1 所示为 MF-30 型万用表的外形图，该万用表可以测量直流电流、直流电压、交流电压和电阻等多种电量。当转换开关拨到直流电流挡时，可分别与 5 个接触点接通，用于测量 500、50、5 mA 和 500、50 μA 量程的直流电流。同样，当转换开关拨到欧姆挡时，可分别测量 ×1、×10、×100、×1 kΩ、

×10 kΩ量程的电阻；当转换开关拨到直流电压挡时，可分别测量 1、5、25、100、500 V 量程的直流电压；当转换开关拨到交流电压挡时，可分别测量 500、100、10 V 量程的交流电压。

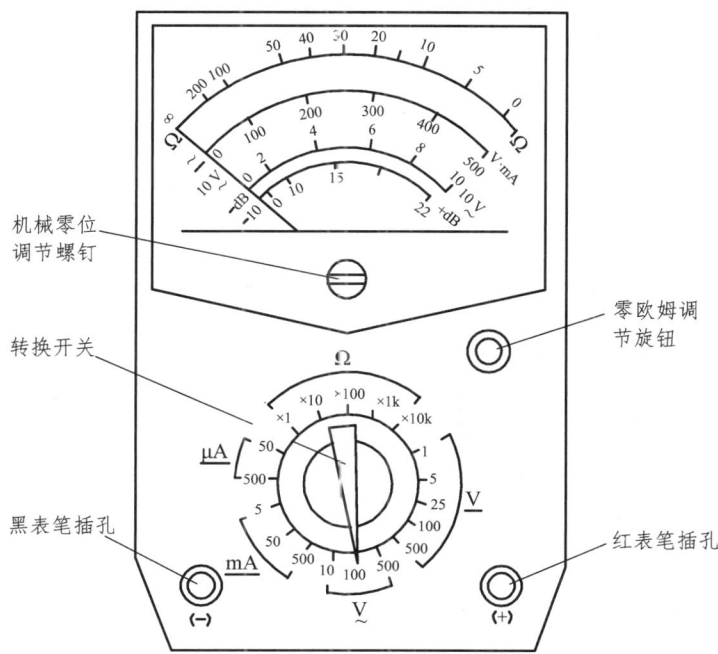

图 3-1　MF-30 型指针式万用表的外形图

2)指针式万用表的工作原理

指针式万用表最简单的测量原理如图 3-2 所示。测电阻时把转换开关 SA 拨到"Ω"挡,使用内部电池作为电源,由外接的被测电阻、E、R_P、R_1 和表头部分组成闭合电路,形成的电流使表头的指针偏转。设被测电阻为 R_x,表内的总电阻为 R,形成的电流为 I,则

$$I = \frac{E}{R_x + R}$$

从上式可知:I 与 R_x 不呈线性关系,所以表盘上电阻标度尺的刻度是不均匀的。电阻挡的标度尺刻度是反向分度,即 $R_x = 0$,指针指向满刻度处;$R_x \to \infty$,指针指在表头机械零点上。电阻标度尺的刻度从右向左表示被测电阻逐渐增加,这与其他仪表指示正好相反,在读数时应注意。

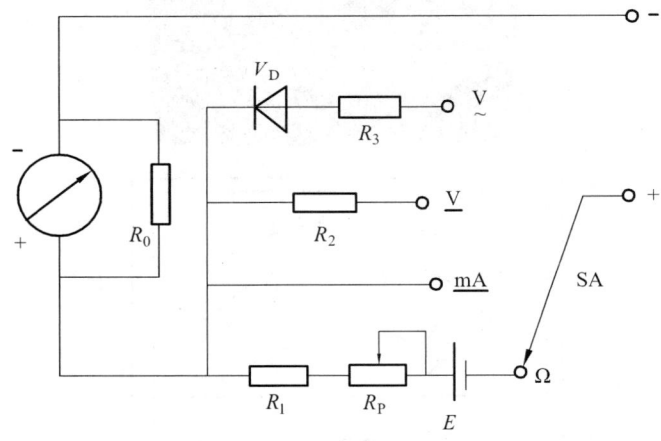

图 3-2 指针式万用表最简单的测量原理

测量直流电流时,把转换开关 SA 拨到"mA"挡,此时从"+"端到"-"端所形成的测量线路实际上是一个直流电流表的测量电路。

测量直流电压时,将转换开关 SA 拨到"V"挡,采用串联电阻分压的方法来扩大电压表量程。

测量交流电压时,转换开关 SA 拨到"V"挡,用二极管 VD 整流,使交流电压变为直流电压,再进行测量。

MF-30 型万用表的实际测量线路较复杂,下面以测量直流电流和直流电压为例作简单介绍。图 3-3 所示为 MF-30 型万用表测量直流电流的原理

图,图中转换开关 SA 拨在 50 mA 挡,被测电流从"+"端口流入,经过熔断器 FU 和转换开关 SA 的触点后分成两路:一路经 R_3、R_4、R_{5-9}、R_P 及表头回到"−"端口;另一路经分流电阻 R_2、R_1 回到"−"端口。当转换开关 SA 选择不同的直流电流挡时,与表头串联的电阻值和并联的分流电阻值也随之改变,从而可以测量不同量程的直流电流。

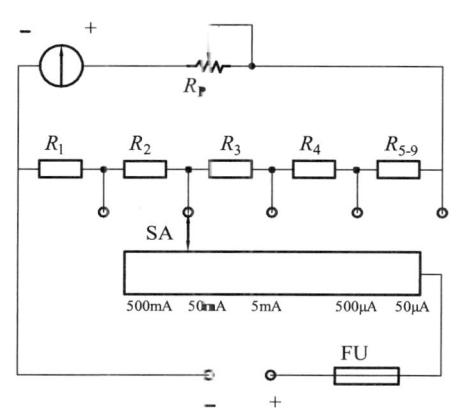

图 3-3 MF-30 型万用表测量直流电流的原理图

图 3-4 所示为 MF-30 型万用表测量直流电压 1 V、5 V、25 V 挡的原理图。当转换开关 SA 置于直流电压 1 V 挡时,与表头线路串联的电阻为 R_{11};当转换开关 SA 置于直流电压 5 V 挡时,与表头线路串联的电阻为 ($R_{11}+R_{12}$)。串联电阻的增大使测量直流电压的量程扩大,选择不同的直流电压挡可改变电压表的量程。

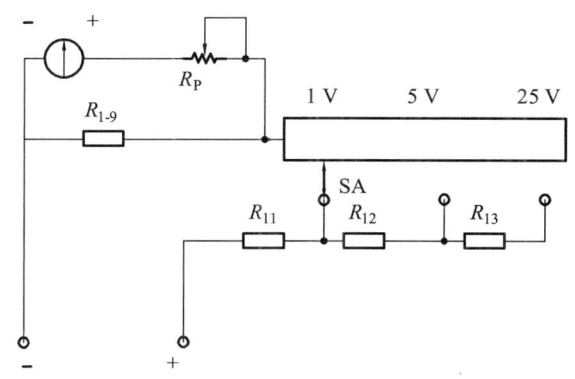

图 3-4 MF-30 型万用表测量直流电压的原理图

3. 数字式万用表

近二十几年来,随着单片 CMDS A/D 转换器的广泛应用,新型袖珍式数字万用表 DMM 得到迅速推广和普及,显示出强大的生命力,并在许多情况下逐步取代指针式万用表。数字式万用表也可以测量多种电量,具有多量程,具有很高的灵敏度和准确度,具有显示清晰直观、功能齐全、性能稳定、过载能力强、便于携带等特点。

数字式万用表是在直流数字电压表的基础上扩展而成的,主要由模拟量/数字量(A/D)转换器、计数器、译码显示器和控制器等组成。在此基础上,利用交流-直流(AC-DC)转换器、电流-电压转换器、电阻-电压转换器,就可以把被测电量转换成直流电压信号,构成一块数字式万用表,如图 3-5 所示。

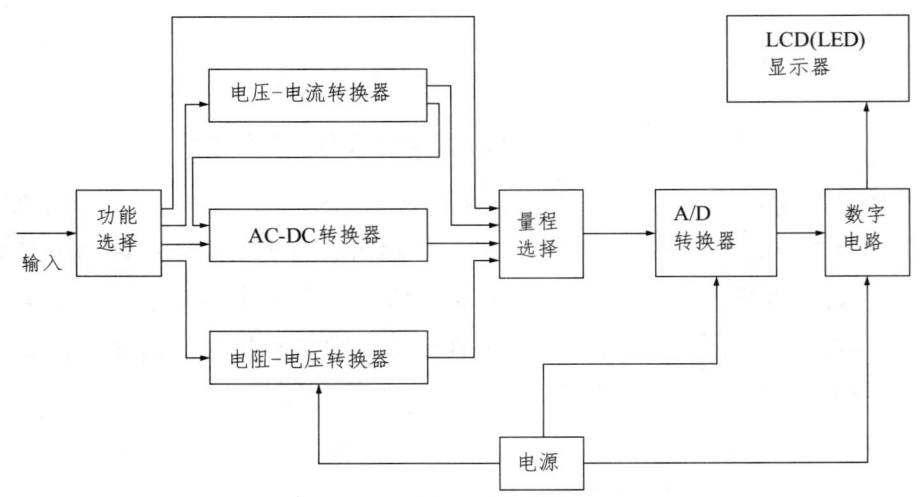

图 3-5　数字万用表的构成图

【任务实施步骤及方法】

1. 指针式万用表的使用

1) 在使用前要做好的准备工作

(1) 熟悉转换开关、旋钮、插孔等的作用,检查表盘符号,"⊓"表示水平放置,"⊥"表示垂直使用。

（2）了解刻度盘上每条刻度线所对应的被测电量。

（3）检查红色和黑色两根表笔所接的位置是否正确，红表笔插入"＋"插孔，黑表笔插入"－"插孔，有些万用表另有交直流 2 500 V 高压测量端，在测高压时黑表笔不动，将红表笔插入高压插口。

（4）机械调零。旋动万用表面板上的机械零位调整螺丝，使指针对准刻度盘左端的"0"位置。

2）测量直流电压的方法及步骤

（1）把转换开关拨到直流电压挡，并选择合适的量程。当被测电压数值范围不清楚时，可先选用较高的测量范围挡，再逐步选用低挡，测量的读数最好选在满刻度的 2/3 处附近。

（2）把万用表并接到被测电路上，红表笔接到被测电压的正极，黑表笔接到被测电压的负极，不能接反。

（3）根据指针稳定时的位置及所选量程，正确读数。

3）测量交流电压的方法及步骤

（1）把转换开关拨到交流电压挡，选择合适的量程。

（2）将万用表两根表笔并接在被测电路的两端，不分正、负极。

（3）根据指针稳定时的位置及所选量程，正确读数。其读数为交流电压的有效值。

4）测量直流电流的方法及步骤

（1）把转换开关拨到直流电流挡，选择合适的量程。

（2）将被测电路断开，万用表串接于被测电路中。注意正、负极性：电流从红表笔流入，从黑表笔流出，不可接反。

（3）根据指针稳定时的位置及所选量程，正确读数。

5）测量电阻的方法及步骤

（1）把转换开关拨到欧姆挡，合理选择量程。

（2）两表笔短接，进行电调零。即转动零欧姆调节旋钮，使指针打到电阻刻度右边的"0"Ω处。

（3）将被测电阻脱离电源，用两表笔接触电阻两端，从表头指针显示的读数乘以所选量程的倍率数即为所测电阻的阻值。如选用 R×100 挡测量，指针指示 40，则被测电阻值为：$40 \times 100 = 4\ 000\ \Omega = 4\ \text{k}\Omega$。

2. 数字式万用表的使用

1）测量交直流电压的方法及步骤

将电源开关置于 ON 位置（下同），根据需要将量程开关拨至 DCV（直流）或 ACV（交流）范围内的合适量程，红表笔插入"VΩ"孔，黑表笔插入"COM"孔，并将测试笔连接到测试电源或负载上，读数即显示。

在测量仪器仪表的交流电压时，应当用黑表笔接触被测电压的低电位端（如信号发生器的公共地端或机壳），以消除仪表对地分布电容的影响，减少测量误差。

2）测量交直流电流的方法及步骤

将量程开关拨至 DCA（直流）或 ACA（交流）范围内的合适量程，红表笔插入"mA"（小于等于 200 mA 时）或"10 A"孔（大于 200 mA 时），黑表笔插入"COM"孔，并通过表笔将万用表串联在被测电量中即可。在测量直流电流时，数字万用表能自动转换或显示极性。

3）测量电阻的方法及步骤

将量程开关拨至欧姆挡范围内的合适量程，红表笔插入"VΩ"孔，黑表笔插入"COM"孔。如果被测电阻值超出所选择量程的最大值，万用表将显示过量程"1"，这时应选择更高的量程。对于大于 1 MΩ 的电阻，要几秒钟后读数才能稳定，这是正常的。当检查内部线路阻抗时，要保证被测线路所有电源切断，所有电容放电。

值得注意的是，在电阻挡以及检测二极管、检查线路通断时，红表笔接"VΩ"插孔、带正电，黑表笔接模拟地"COM"插孔、带负电，这一指针式万用表正好相反。因此，测量晶体管、电解电容等有极性的元器件时，必须注意表笔的极性。

4）测量二极管的方法及步骤

将量程开关拨至二极管测量挡，红表笔插入"VΩ"孔（红表笔极性为正），黑表笔插入"COM"孔。测量时万用表将显示二极管的正向压降。通常二极管的正向压降显示值为 500~800 mV，若被测二极管是坏的，将显示"000"（短路）或"1"（开路）。进行反向检查时，如果被测二极管是好的，将显示"1"，若被测二极管是坏的，就显示"000"或其他值。

数字万用表电阻挡所能提供的测试电流很小，因此对二极管、三极管等非线性元件，通常不测正向电阻而测正向压降。一般锗管的正向压降为 0.15～0.3 V，硅管为 0.5～0.8 V。另外，该量程还可以利用蜂鸣器做连续检查，如果所测电路的电阻在 70 Ω 以下，表内的蜂鸣器有声响，表示电路导通。

5）测量三极管的放大倍数 h_{FE} 的方法及步骤

将量程开关拨至 h_{FE} 挡，根据被测三极管的类型，将其插入 NPN 型或 PNP 型对应的插孔中，这时显示器上将显示 h_{FE} 的近似值。值得注意的是，使用 h_{FE} 插孔测量晶体三极管时，由于测试电压较低，E_C = + 2.8 V，向被测管提供的基极电流 I_b 仅为 10 μA，集电极电流也较小，使被测管在低电压、小电流状态下工作，所以测出的 h_{FE} 值仅供参考。

6）测量电容量的注意事项

将量程开关拨至 CAP 挡相应的量程，旋动零位调节旋钮，使初始值为 0，然后将电容直接插入电容测试座中（不要通过表笔插孔测量），这时显示器上将显示其电容量。测量时两手不得碰触电容的电极引线或表笔的金属端，否则数字万用表将严重跳数，甚至过载。

【任务实施注意事项】

1. 指针式万用表使用注意事项

1）用万用表测量电压或电流时的注意事项

（1）测量时，不能用手触摸表笔的金属部分，以保证安全和测量的准确性。

（2）测直流量时，要注意被测电量的极性，避免指针反打而损坏表头。

（3）测量较高电压或大电流时，不能带电转动转换开关，避免转换开关的触点产生电弧而被损坏。

（4）测量完毕，将转换开关置于交流电压最高挡或空挡。

2）用万用表测量电阻时的注意事项

（1）不允许带电测量电阻，否则会烧坏万用表。

（2）万用表内干电池的正极与面板上"－"号插孔相连，干电池的负极与面板上的"＋"号插孔相连。在测量电解电容和晶体管等器件的电阻时要注意极性。

（3）每换一次倍率挡，都要重新进行电调零。

（4）不允许用万用表电阻挡直接测量高灵敏度表头内阻，以免烧坏表头（万用表内电池电压也可能足以使表头过流烧坏）。

（5）不准用两只手捏住表笔的金属部分测电阻，否则会将人体电阻并接于被测电阻而引起测量误差。

（6）测量完毕，将转换开关置于交流电压最高挡或空挡。

另外，测量过程中不得换挡；读数时，应三点（眼睛、指针、指针在刻度中的影子）成一线；测量完毕应将转换开关置于空挡或 OFF 挡或电压最高挡。若长时间不用，应取出内部电池。

2. 数字式万用表使用注意事项

（1）测量电压时，应将数字式万用表与被测电路并联；测量电流时，应与被测电路串联；测直流量时，不必考虑正负极性。

（2）当误用交流电压挡去测量直流电压，或误用直流电压挡去测量交流电压时，显示屏将显示"000"，或低位上的数字出现跳动。

（3）当显示屏出现"LOBAT"或"←"时，表明电池电压不足，应予更换。

（4）若测量电流时没有读数，应检查熔丝是否熔断。

（5）测量完毕，应关上电源；若长期不用，应将电池取出。

（6）不宜在日光及高温、高湿环境下使用与存放（工作温度为 0~40 ℃，湿度小于 80%）。使用时应轻拿轻放。

【任务知识巩固】

（1）万用表表盘各符号意义及各个旋钮与选择开关的主要作用是什么？

（2）为什么不允许带电测量电阻或带电换量程？

任务 3.2　兆欧表的使用

【任务理论知识】

兆欧表又称摇表或绝缘电阻测定仪，是用于检测电气设备、供电线路绝缘电阻的一种便携式仪表，它的计量单位是兆欧（MΩ）。兆欧表外观如图 3-6 所示。

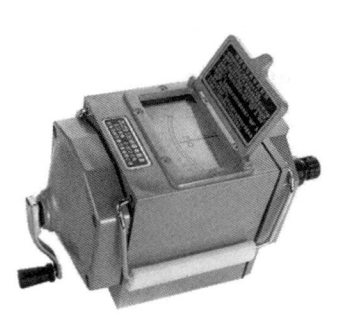
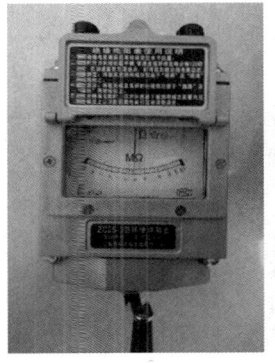
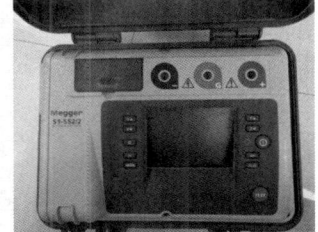

图 3-6　常见兆欧表外观图

1. 兆欧表的结构

常用的手摇式兆欧表，主要由磁电式流比计和手摇直流发电机组成，输出电压有 500 V、1 000 V、2 500 V、5 000 V 几种。随着电子技术的发展，现在也出现了用干电池及晶体管直流变换器把电池低压直流转换为高压直流，来代替手摇发电机的兆欧表。

磁电式流比计是测量机构，如图 3-7 所示：可动线圈 1 与 2 互成一定角度，放置在一个有缺口的圆柱形铁芯 5 的外面，并与指针固定在同一转轴上，处于永久磁铁的磁场中；极掌 4 为不对称形状，以使空气隙不均匀。

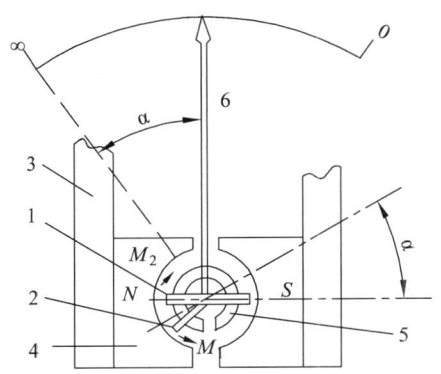
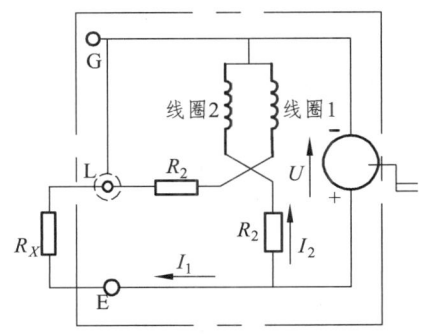

图 3-7　兆欧表的结构示意图　　图 3-8　兆欧表的工作原理图

1，2—动圈；3—永久磁铁；4—极掌；
5—带缺口的圆柱形铁芯；6—指针

2．兆欧表的工作原理

兆欧表的工作原理如图 3-8 所示。被测电阻 R_x 接于兆欧表测量端子"线端"L 与"地端"E 之间。摇动手柄，直流发电机输出直流电流。线圈 1、电阻 R_1 和被测电阻 R_x 串联，线圈 2 和电阻 R_2 串联，然后两条电路并联后接于发电机电压 U 上。设线圈 1 电阻为 r_1，线圈 2 电阻为 r_2，则两个线圈上电流分别是：

$$I_1 = \frac{U}{r_1 + R_1 + R_x}$$

$$I_2 = \frac{U}{r_2 + R_2}$$

两式相除得

$$\frac{I_1}{I_2} = \frac{r_2 + R_2}{r_1 + R_1 + R_x}$$

式中 r_1、r_2、R_1 和 R_2 为定值，R_x 为变量，所以改变 R_x 会引起比值 I_1/I_2 的变化。

指针偏转的角度只取决于 I_1 和 I_2 的比值，此时指针所指的刻度盘上显示的是被测设备的绝缘电阻值。

当 E 端与 L 端短接时，I_1 为最大，指针顺时针方向偏转到最大位置，即"0"位置；当 E、L 端未接被测电阻时，R_x 趋于无限大，$I_1 = 0$，指针逆时针方向转到"∞"的位置。该仪表结构中没有产生反作用力矩的游丝，在使用之前，指针可以停留在刻度盘的任意位置。

【任务实施步骤及方法】

1．正确选用兆欧表

兆欧表的额定电压应根据被测电气设备的额定电压来选择。测量 500 V 以下的设备，选用 500 V 或 1 000 V 的兆欧表；测量额定电压在 500 V 以上的设备，应选用 1 000 V 或 2 500 V 的兆欧表；对于绝缘子、母线等，要选用 2 500 V 或 3 000 V 的兆欧表。

2. 使用前检查兆欧表是否完好

将兆欧表水平且平稳放置，检查指针偏转情况：将 E、L 两端开路，以约 120 r/min 的转速摇动手柄，观测指针是否指到"∞"处；然后将 E、L 两端短接，缓慢摇动手柄，观测指针是否指到"0"处，经检查完好才能使用。

3. 兆欧表的使用

（1）校表。兆欧表放置平稳牢固，检查是否良好。被测物表面擦干净，以保证测量正确。

（2）被测设备与线路断开，对于大电容设备还要进行放电。

（3）选择电压等级合适的兆欧表。

（4）正确接线。兆欧表有 3 个接线柱：线路（L）、接地（E）、屏蔽（G）。根据不同测量对象，作相应接线，如图 3-9 所示。测量线路对地绝缘电阻时，E 端接地，L 端接于被测线路上；测量电机或设备绝缘电阻时，E 端接电机或设备外壳，L 端接被测绕组的一端；测量电机或变压器绕组间绝缘电阻时，先拆除绕组间的连接线，将 E、L 端分别接于被测的两相绕组上；测量电缆绝缘电阻时，E 端接电缆外表皮（铅套）上，L 端接线芯，G 端接芯线最外层绝缘层上。

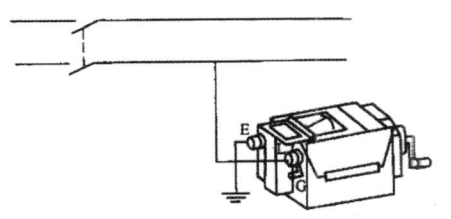

（a）测量线路的绝缘电阻

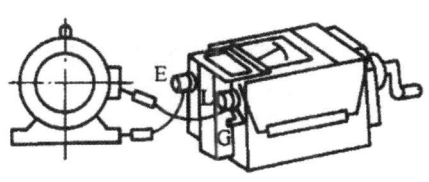

（b）测量电动机的绝缘电阻

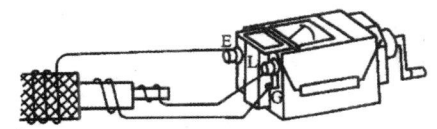

（c）测量电缆的绝缘电阻

图 3-9　兆欧表的接线方法

（5）由慢到快摇动手柄，直到转速达 120 r/min 左右，保持手柄的转速均匀、稳定，一般转动 1 min，待指针稳定后读数。

（6）拆线放电。测量完毕，待兆欧表停止转动和被测物接地放电后方能拆除连接导线。放电方法：将测量时使用的地线从兆欧表上取下来与被测设备短接一下即可。

【任务实施注意事项】

因兆欧表本身工作时产生高压电，为避免人身及设备事故，必须重视以下几点：

（1）不能在设备带电的情况下测量其绝缘电阻。测量前，被测设备必须切断电源和负载并进行放电；已用兆欧表测量过的设备如要再次测量，也必须先接地放电。

（2）兆欧表测量时要远离大电流导体和外磁场。

（3）与被测设备的连接导线应用兆欧表专用测量线或选用绝缘强度高的两根单芯多股软线，两根导线切忌绞在一起，以免影响测量准确度。

（4）测量过程中，如果指针指向"0"位，表示被测设备短路，应立即停止转动手柄。

（5）被测设备中如有半导体器件，应先将其插件板拆去。

（6）测量过程中不得触及设备的测量部分，以防触电。

（7）测量电容性设备的绝缘电阻时，测量完毕，应对设备充分放电。

【任务知识巩固】

为什么兆欧表不能在设备带电时使用，并且在测量前后都要进行放电？

任务 3.3　钳形电流表的使用

【任务理论知识】

钳形电流表是一种不需要断开电路就可以直接测量交流电路的便携式仪表，这种仪表测量精度不高，可对设备或电路的运行情况做粗略的了解，由于使用方便，因而应用很广泛。钳形电流表外形如图 3-10 所示。

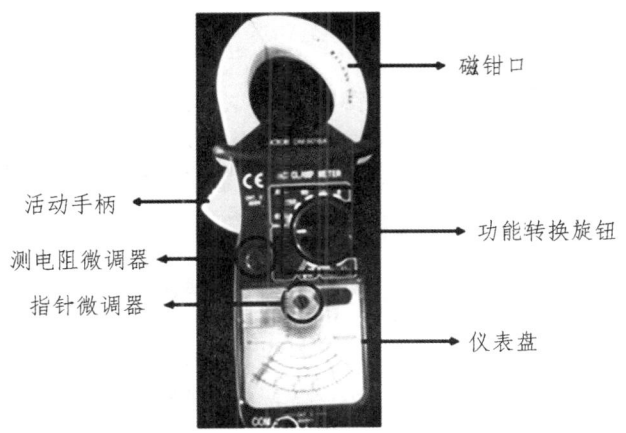

图 3-10　钳形电流表外形图

钳形电流表由电流互感器和电流表组成。如图 3-11 所示：互感器的铁芯制成活动开口，且成钳形，活动部分与手柄 7 相连。当紧握手柄时电流互感器的铁芯 2 张开（图中点划线所示），可将被测载流导线 1 置于钳口中，该载流导线成为电流互感器的初级线圈。关闭钳口，在电流互感器的铁芯中就有交变磁通通过，互感器的次级线圈 4 中便产生感应电流。电流表 5 接于次级线圈两端，它的指针所指示的电流与钳入的载流导线的工作电流成正比，可直接从刻度盘上读出被测电流值。

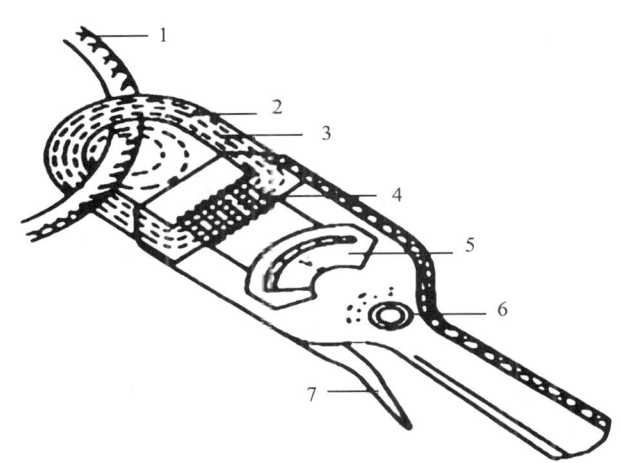

图 3-11　钳形电流表原理结构图

1—载流导线；2—铁芯；3—磁通；4—线圈；
5—电流表；6—量程选择开关；7—手柄

【任务实施步骤及方法】

1. 钳形电流表测量前的准备

（1）检查仪表的钳口上是否有杂物或油污，待清理干净后再测量。

（2）进行仪表的机械调零。

2. 用钳形电流表测量时的方法和步骤

（1）先估计被测电流的大小，然后将转换开关调至需要的测量挡。如果无法估计被测电流大小，则先用最高量程挡测量，然后再根据测量情况调到合适的量程。

（2）握紧钳柄，使钳口张开，放置被测导线。为减少误差，被测导线应置于钳形口的中央。

（3）钳口要紧密接触，如遇有杂音，可检查钳口是否清洁，或重新开口一次再闭合。

（4）测量 5 A 以下的小电流时，为提高测量精度，在条件允许的情况下，可将被测导线多绕几圈，再放入钳口进行测量。此时实际电流应是仪表读数除以放入钳口中的导线圈数。

（5）测量完毕，将选择量程开关拨到最大量程挡位上。

【任务实施注意事项】

（1）使用前应检查外观是否良好，绝缘有无破损，手柄是否清洁、干燥。

（2）测量时应戴绝缘手套或干净的线手套，并注意保持安全间距。

（3）不能在测量过程中转动转换开关换挡。在换挡前，应先将载流导线退出钳口。

（4）钳形电流表只能用来测量低压系统的电流，被测线路的电压不能超过钳形表所规定的使用电压。

（5）每次测量只能钳入一根导线。

（6）若不是特别必要，一般不测量裸导线的电流。

（7）测量完毕应将量程开关置于最大挡位，以防下次使用时，因疏忽大意而造成仪表的意外损坏。

【任务知识巩固】

钳形电流表的结构和工作原理是什么?

任务 3.4　直流单臂电桥的使用

【任务理论知识】

一般用万用表测中值电阻,但测量值不够精确。在工程上要较准确地测量中值电阻,常用直流单臂电桥(也称惠斯通电桥)。该仪表适用于测量 $1 \sim 10^6 \Omega$ 的电阻值,其主要特点是灵敏度和测试精度都很高,而且使用方便。

常见直流单臂电桥的外形如图 3-12 所示。

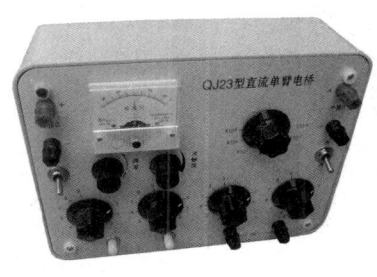

图 3-12　常见直流单臂电桥实物图

直流单臂电桥的结构原理如图 3-13 所示。它由四个桥臂 R_1、R_2、R_3、R_4,直流电源 E,可调电阻 R_0 及检流计 G 组成,其中 R_1 为被测电阻 R_x,R_2、R_3、R_4 均为可调的已知电阻。调整这些可调的桥臂电阻使电桥平衡,此时 $I_g = 0$,则 R_x 可由下式求得:

$$R_x = \frac{R_2}{R_3} \times R_4$$

式中 R_2、R_3 称为电桥的比例臂电阻,在电桥结构中,R_2 和 R_3 之间的比例关系的改变是通过同轴波段开关来实现的。R_4 称为电桥的比较臂电阻，因为当比例臂被确定后，被测电阻 R_x 是与已知的可调标准电阻 R_4 进行比较而确定阻值的。

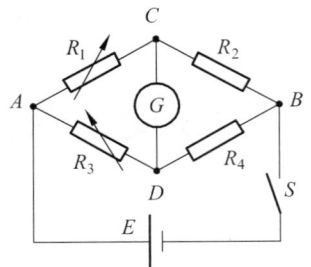

图 3-13　直流单臂电桥结构原理图

【任务实施步骤及方法】

下面以 QJ23 型直流单臂电桥为例来说明它的使用，其实物面板如图 3-14 所示。

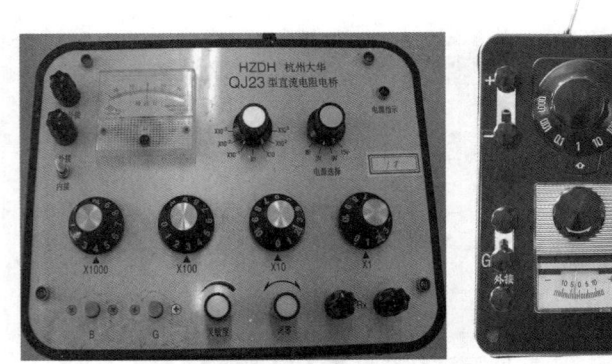

图 3-14　QJ23 型直流单臂电桥面板实物图

1. QJ23 型直流单臂电桥简介

（1）比率臂：有 7 个挡位，即 ×0.001，×0.01，×0.1，×1，×10，×100，×1 000。

（2）比较臂：有 4 个挡位，每个转盘由 9 个完全相同的电阻组成，分别构成可调电阻的个位、十位、百位和千位，总电阻从 0～9 999 Ω 变化，所以电桥的测量范围为 1～9 999 000 Ω。

（3）检流计 G（调零）：可根据检流计指针偏转来调节电桥平衡。

（4）按钮：电源按钮 B（可以锁定）、检流计按扭 G（点接）。

（5）接线端子 R_x：用于接被测电阻。

（6）"内、外"接线柱：内接——锁检流计指针；外接——可以测量。

2. QJ23型直流单臂电桥的使用步骤

（1）把电桥放平稳，断开电源和检流计按钮，进行机械调零，使检流计指针和零线重合。

（2）用万用表电流挡粗测被测电阻值，选取合理的比例臂。使电桥比较臂的四个读数盘都利用起来，以得到 4 个有效数值，保证测量精度。

（3）按选取的比例臂调好比较臂电阻。

（4）将被测电阻 R_x 接入 X_1、X_2 接线柱，先按下电源按钮 B，再按检流计按钮 G，若检流计指针摆向"＋"端，需增大比较臂电阻，若指针摆向"－"端，需减小比较臂电阻。反复调节，直到指针指到零位为止。

（5）读出比较臂的电阻值再乘以倍率，即为被测电阻值。

（6）测量完毕后，先断开 G 钮，再断开 B 钮，拆除测量接线。

【任务实施注意事项】

（1）正确选择比例臂，使比较臂的第一盘（×1 000）上的读数不为 0，才能保证测量的准确度。

（2）为减少引线电阻带来的误差，被测电阻与测量端的连接导线要短而粗。还应注意各端钮是否拧紧，以避免接触不良引起电桥的不稳定。

（3）当电池电压不足时应立即更换，采用外接电源时应注意极性与电压额定值。

（4）被测物不能带电。对含有电容的元件应先放电 1 min 后再测量。

【任务知识巩固】

（1）用 QJ23 型单臂电桥测一阻值为 150 Ω 左右的电阻，比较臂应如何选择？为什么？

（2）为什么测量时要先按下 B 按钮，再按下 G 按钮，而测量完毕时要先断开 G 按钮，再断开 B 按钮？

任务 3.5　直流双臂电桥的使用

【任务理论知识】

1. 双臂电桥简介

双臂电桥是在单臂电桥的基础上增加特殊结构，以消除测试时连接线和接线柱接触电阻对测量结果的影响，特别是在测量低电阻时，由于被测电阻值很小，试验时的连接线和接线柱接触电阻会对测试结果产生很大的影响，造成很大误差。因此测量 1 Ω 以下的低值电阻应使用双臂电桥。双臂电桥也称凯尔文电桥。常用的双臂电桥有 QJ28 型、QJ44 型和 QJ101 型等。

QJ44 型携带式直流双臂电桥，内附晶体管检流计和能内附工作电源，适合于工矿企业、实验室或车间现场，对直流低值电阻作准确测量。如用来测量金属导体的导电系数，接触电阻、电动机、变压器绕组的电阻值，以及其他各类直流低值电阻。其外观如图 3-15 所示。

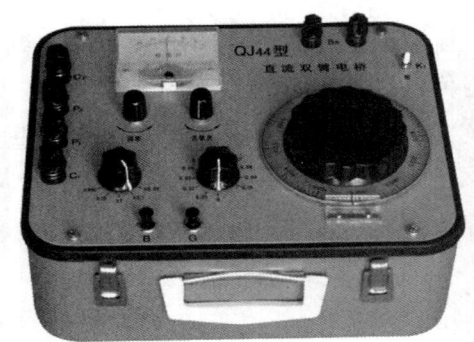

图 3-15　QJ44 型双臂电桥实物图

2. 双臂电桥的面板结构

如图 3-16 所示为双臂电桥的面板结构图。

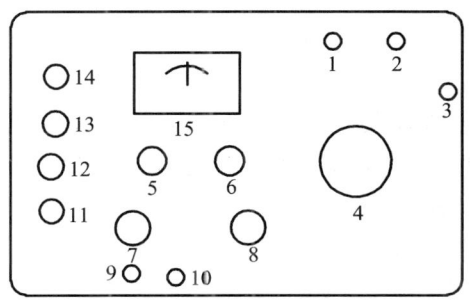

图 3-16 双臂电桥的面板图

1、2—电桥外接工作电源接线柱；3—晶体管检流计工作电源开关；4—滑线读数盘；
5—检流计电气调零旋钮；6—检流计灵敏度调节旋钮；7—量程因素读数开关；
8—步进读数开关；9—电桥工作电源按钮开关；10—检流计按钮开关；
11—被测电阻电流端接线柱；12、13—被测电阻电位端接线柱；
14—被测电阻电流端接线柱；15—检流计指示表头；

3．双臂电桥的原理

双臂电桥的原理图如图 3-17 所示。

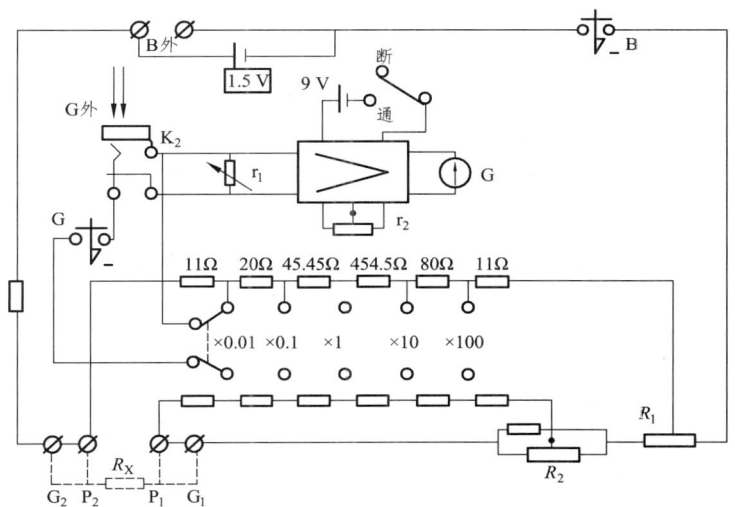

图 3-17 双臂电桥的原理图

【任务实施步骤及方法】

（1）将电桥放置于平整位置，放入电池。

① 在电池盒内，装入 4~6 节 1.5 V、1 号电池并联使用，3 节 6F22、9 V 并联使用，此时电桥就能正常工作。

② 注意：如用外接直流电源 1.5～2 V 时，电池盒内的 1.5 V 电池，应预先全部取出。

（2）接通电桥电源开关"B1"，待放大器稳定后检查检流计是否指零位，如不在零位，调节调零旋钮，使检流计指针指示零位。

（3）检查灵敏度旋钮，应放在最低位置。

（4）将被测电阻按四端连接法接在电桥相应的 C_1、P_1、P_2、C_2 的接线柱上，如图 3-18 所示，AB 之间为被测电阻。

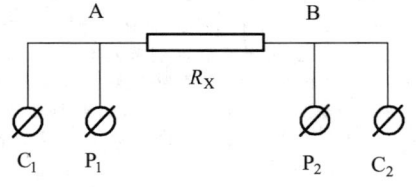

图 3-18 双臂电桥的接线图

① 试验引线四根，分别单独从双臂电桥的 C_1、P_1、C_2、P_2 四个接线柱引出，由 C_1、C_2 与被测电阻构成电流回路，而 P_1、P_2 则是电位采样，供检流计调平衡使用。

② 必须注意：电流接线端子 C_1、C_2 的引线应接在被测绕组的外侧，而电位接线端子 P_1、P_2 的引线应接在被测绕组的内侧。

③ 目的：可以避免将 C_1、C_2 的引线与被测绕组连接处的接触电阻测量在内。

（5）估计被测电阻值大小，将倍率开关和电阻读数步进开关放置在适当位置。

（6）先按下电池按钮"B"，对被测电阻 R_x 进行充电，待一定时间后，估计充电电流逐渐趋于稳定，再按下检流计按钮"G"，根据检流计指针偏转的方向，逐渐增加或减小步进读数开关的电阻数值，使检流计指针指向"零位"，并逐渐调节灵敏度旋钮，使灵敏度达到最大，同时调节电阻滑线盘，使检流计指针指零。

① 当移动滑线盘 4 小格，检流计指针偏离零位约 1 格时，灵敏度就能满足测量要求。

② 在改变灵敏度时，会引起检流计指针偏离零位，在测量之前，随时都可以调节检流计零位。

（7）在灵敏度达到最大，检流计指针指示"零"位，稳定不变的情况下,读取步进开关和滑线盘两个电子读数并相加,再乘上倍率开关的倍率读数,即为被测电阻阻值。

操作经验:在灵敏度达到最大,检流计指针指示"零"位,稳定不变的情况下,可先断开检流计按钮"G",在读数结束经复核无疑问后,再断开电池按钮开关"B"。

① 被测电阻按下式计算:

被测电阻值 = 倍率读数 ×(步进读数 + 滑线读数)

② 被测电阻范围与倍率位置选择按表 3-1 所示进行。

表 3-1 被测电阻范围与倍率选择表

序 号	倍 率	被测电阻范围/Ω
1	×100	1.1 ~ 11
2	×10	0.11 ~ 1.1
3	×1	0.011 ~ 0.11
4	×0.1	0.001 1 ~ 0.011
5	×0.01	0.000 01 ~ 0.001 1

(8)测试结束时,先断开检流计按钮开关"G",然后才可以断开电池按钮开关"B",最后拉开电桥电源开关"B1",拆除电桥到被测电阻的四根引线 C_1、P_1、C_2 和 P_2。

提醒:为了测量准确,采用双臂电桥测试小电阻时,所使用的四根连接引线一般采用较粗、较短的多股软铜绝缘线,其阻值一般不大于 0.01 Ω。如果导线太细、太长,电阻太大,则导线上会存在电压降,而电桥测试时使用的电池电压就不高,如果引线上存在的压降过大,会影响测试时的灵敏度,影响测试结果的准确性。

【任务实施注意事项】

(1)在测电感电路的直流电阻时,应先按下"B"按钮,再按下"G"按钮;断开时,应先断开"G"按钮,后断开"B"按钮。

严禁在检流计按钮"G"没有断开时先断开电池开关"B",以免由于被测设备存在大电感瞬间感应自感电动势对电桥反击,烧坏检流计。

（2）在测量 0.1 Ω 以下阻值时，C_1、P_1、P_2、C_2 接线柱到被测量电阻之间的连接导线电阻为 0.005～0.01 Ω，"B" 按钮应间歇使用；测量其他阻值时，连接导线电阻可不大于 0.05 Ω。

（3）电桥使用完毕，"B" 与 "G" 按钮应松开。"B1" 开关应扳向 "断" 位置，避免浪费晶体管检流计放大工作电源。

（4）仪器在使用中，若发现检流计灵敏度显著下降，可能是电池寿命完毕引起，要更换新的电池。

（5）电桥应贮放在环境温度 +5 ℃～+45 ℃，相对湿度小于 30% 的条件下，室内空气中不应含有能腐蚀仪器的气体和有害杂质。

（6）如果电桥长期搁置不用，应将电池取出。在接触处可能会产生氧化，造成接触不良，所以为了保证接触良好，应该在接触处再涂上一薄层无酸性凡士林予以保护，并避免直接曝晒和剧烈震动。

【任务知识巩固】

（1）为什么测量时要先按下 B 按钮，再按下 G 按钮；而测量完毕时要下先断开 G 按钮，再断开 B 按钮？

（2）直流双臂电桥和直流单臂电桥在用途上有何不同？

任务 3.6　功率表的使用

【任务理论知识】

功率表用于测量直流电路和交流电路的功率，又称为电力表或瓦特表。功率表大多采用电动式仪表的测量机构。常见功率表如图 3-19 所示。

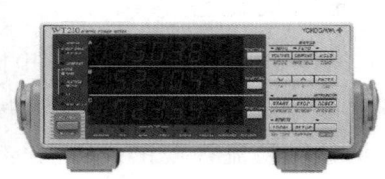

图 3-19　常见功率表的实物图

电动式功率表的接线如图 3-20 所示，图中固定线圈串联在被测电路中，流过的电流就是负载电流，因此，这个线圈称为电流线圈。可动线圈在表内串联一个电阻值很大的电阻 R 后与负载电流并联，流过线圈的电流与负载的电压成正比，而且差不多与其相同，因而这个线圈称为电压线圈。固定线圈产生的磁场与负载电流成正比，该磁场与可动线圈中的电流相互作用，使动圈产生一力矩，并带动指针转动。在任一瞬间，转动力矩的大小总是与负载电流以及电压瞬时值的乘积成正比，但由于转动部分有机械惯性存在，因此偏转角决定于力矩的平均值，也就是电路的平均功率，即有功功率。

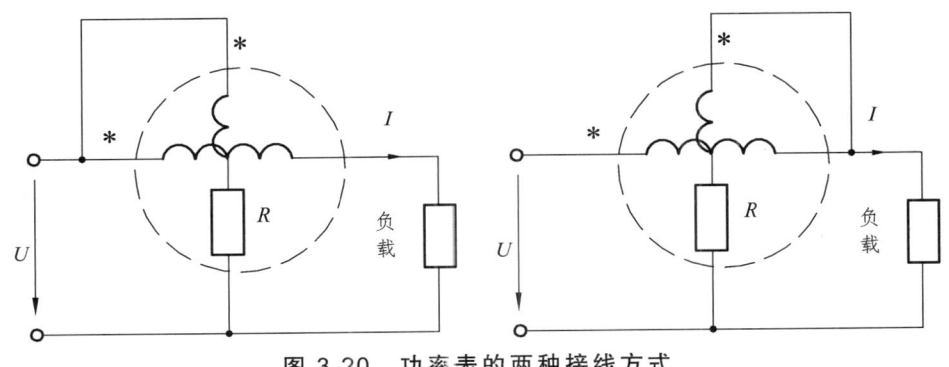

图 3-20　功率表的两种接线方式

【任务实施步骤及方法】

功率表的使用包含以下三个方面：

1. 正确选择功率表的量程

选择功率表的量程就是选择功率表的电流量程和电压量程。使用时，应使功率表的电流表量程不小于负载电流，电压量程不低于负载电压，而不能仅从功率量程来考虑。

2. 正确连接测量线路

由于电动式功率表是单向偏转，偏转方向与电流线圈和电压线圈中的电流方向有关。为了使指针不反向偏转，通常把两个线圈的始端都标有"*"或"±"符号，习惯上称之为"同名端"或"发电机端"，接线时必须将有相同符号的端钮接在同一根电源线上。当弄不清电源线在负载哪一边时，指针可能反转，这时只需将电压线圈端钮的接线对调一下，或将装在电压线圈中改换极性的开关转换一下即可。图 3-20（a）和（b）的两种接线方式，都包含功率表本身的一部分损耗。在图 3-20（a）的电流线圈中流过的电流显然是负载电流，但电压线圈两端电压却等于负载电压加上电流线圈的电压降，即在功率表的读数中多出了电流线圈的损耗。因此，这种接法比较适用于负载电阻远大于电流线圈电阻（即电流小、电压高、功率小的负载）的测量。如在日光灯实验中镇流器功率的测量，其电流线圈的损耗就要比负载的功率小得多，功率表的读数就基本上等于负载功率。在图 3-20（b）中，电压线圈上的电压虽然等于负载电压，但电流线圈中的电流却等于负载电流加上电压线圈的电流，即功率表的读数中多出了电压线圈的损耗。因此，这种接法比较适用于负载电阻远小于电压线圈电阻及大电流、大功率负载的测量。使用功率表时，不仅要求被测功率数值在仪表量程内，而且要求被测电路的电压和电流值也不超过仪表电压线圈和电流线圈的额定量程值，否则会烧坏仪表的线圈。因此，选择功率表量程，就是选择其电压和电流的量程。

3．功率表的读数

由于功率表的电压线圈量程有几个，电流线圈的量程一般也有两个，如图 3-21 所示。若实验室所设计的日光灯电路实验的功率表电流量程为 0.5～1 A，电流量程换接片按图 3-21 中实线的接法，即为功率表的两个电流线圈串联，其量程为 0.5 A；如换接片按虚线连接，即功率表两个电流线圈并联，量程为 1 A。表盘上的刻度为 150 格。

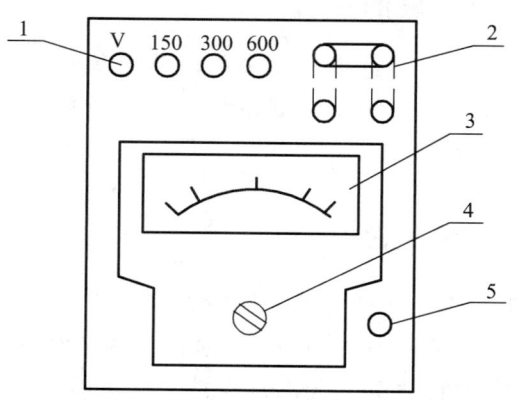

图 3-21　功率表前面板示意图

1—电压接线端；2—电流接线端；3—标度盘；
4—指针零位调整器；5—转换功率正负的旋钮

当功率表电压量程选 300 V、电流量程选 1 A 时，我们用这种额定功率因数为 1 的功率表去测量，则每格为（300 V×1 A）/150＝2 W，即实数的格数乘以 2 才为实际被测功率值。如果电压量程选用 300 V、电流量程选 0.5 A，则每格为（300 V×0.5 A）/150＝1 W，即实数的格数乘 1 为被测功率数值。所以功率表实际测量的功率 P 应满足下面的换算公式：

$$P = \frac{被选的电压量 \times 被选的电流量}{仪表满刻度的格数} \times 实测格数$$

【任务实施注意事项】

（1）功率表在使用过程中应水平放置。

（2）仪表指针如不在零位时，可利用表盖上零位调整器调整。

（3）测量时，如遇仪表指针反向偏转，应改变仪表面板上的"＋"、"－"换向开关极性，切忌互换电压接线，以免使仪表产生误差。

（4）功率表与其他指示仪表不同，指针偏转大小只表明功率值，并不显示仪表本身是否过载，有时表针虽未达到满度，只要 U 或 I 之一超过该表的量程就会损坏仪表。故在使用功率表时，通常需接入电压表和电流表进行监控。

（5）功率表所测功率值包括了其本身电流线圈的功率损耗，所以在做准确测量时，应从测得的功率中减去电流线圈消耗的功率，才是所求负载消耗的功率。

【任务知识巩固】

两只功率表，量程分别为 1 A、300 V 和 2 A、150 V，如果要测量一电压为 220 V、电流为 1 A 的负载的功率，应选用哪个功率表？

项目 4 常用电子器件的质量判断

【项目学习目标】

（1）了解常用电子器件的主要性能指标；
（2）掌握常用电子器件的质量判断。

【项目实施环境】

常用电子器件：电阻器、电位器、电容器、电感器、二极管、三极管、晶闸管、集成稳压器等。

任务 4.1 电阻器的质量判断

【任务理论知识】

1. 电阻器的定义及分类

电阻器通常称为电阻，是一种为电流提供通路的电子器件，可以定义为每单位电流在导体上所引起的电压。其基本参量是电阻值（R），单位为欧姆（Ω）。在电路中，电阻器多用来进行降压、分压、分流、阻抗匹配等。电阻没有极性，这与电源不同，因此在电路中可以任意连接。常见电阻器如图 4-1 所示。

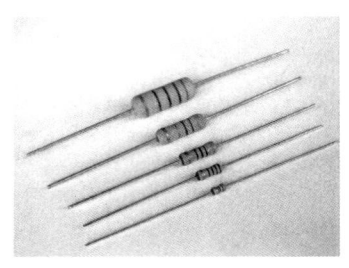

图 4-1　电阻器实物图

电阻器的主要分类见表 4-1。

表 4-1　电阻器的分类

分类方法	电阻器种类	特　点
按阻值分	固定电阻器	阻值不可以调整
	可变电阻器	阻值可以调整,用于需要调节电路电流或需要改变电路阻值的场合
按伏安特性分	线性电阻	电阻几乎维持不变而为一定值
	非线性电阻	电阻明显地随着电流（或电压）而变化
按材料分	线绕电阻器	有较低的温度系数,阻值精度高,稳定性好
	碳膜电阻器	性能稳定、阻值范围宽、温度系数和电压系数低
	碳合成电阻器	用碳及合成塑胶压制而成
	金属氧化膜电阻器	高温下稳定,耐热冲击,负载能力强
	金属膜电阻器	比碳膜电阻的精度高,稳定性好,噪声,温度系数小
特殊电阻器	保险电阻	熔断电阻器,在正常情况下起着电阻和保险丝的作用
	敏感电阻器	电阻值对于某种物理量（如温度、湿度、光照、电压、机械力以及气体浓度等）具有敏感特性

2. 电阻器的型号命名与标示

根据国家标准 GB/T2470—1995 的规定,通孔式电阻和电位器的型号由 3 部分或 4 部分组成,如图 4-2 所示。贴片式电阻器的型号命名一般由 6 部分组成,如图 4-3 所示。

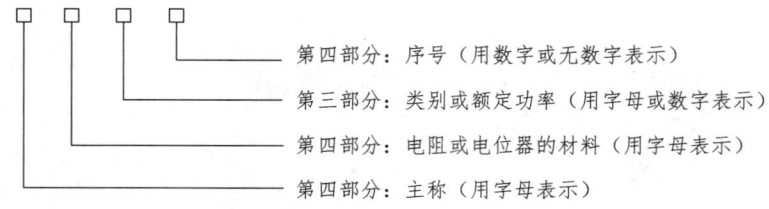

图 4-2　通孔式电阻和电位器的型号命名

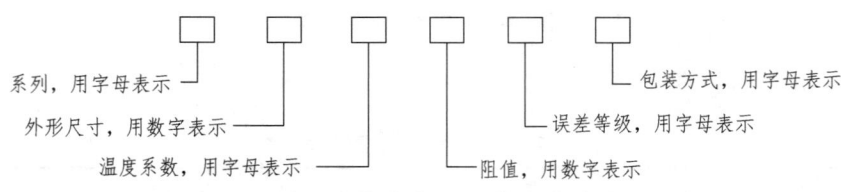

图 4-3　贴片式电阻器的型号命名

3. 电阻器的主要参数

电阻器的主要参数如表 4-2 所示。

表 4-2　电阻器的主要参数

主要参数	含　义
标称值	按国家规定标准化的电阻值
额定功率	在标准大气压和一定环境温度下（25 ℃），自身允许承受的最大功率
容差	电阻实际阻值与标称值的相对误差。容差表示了电阻值偏离标称值的范围，是衡量电阻精度的指标
温度系数	电阻值随温度的变化率。金属膜、合成膜等电阻有较小的温度系数，碳膜电阻的温度系数较大
非线性	电阻的非线性用电压系数来表示，即在规定电压范围内，每改变 1 V 时，电阻值的平均相对变化量

【任务实施步骤及方法】

1. 色环电阻器的读取方法

色环电阻上面用了四道色环、五道色环或者六道色环来表示电阻值，并且可以从任意角度一次性读取代表电阻值的颜色信息，色环电阻数值的读取方法如图 4-4 所示。

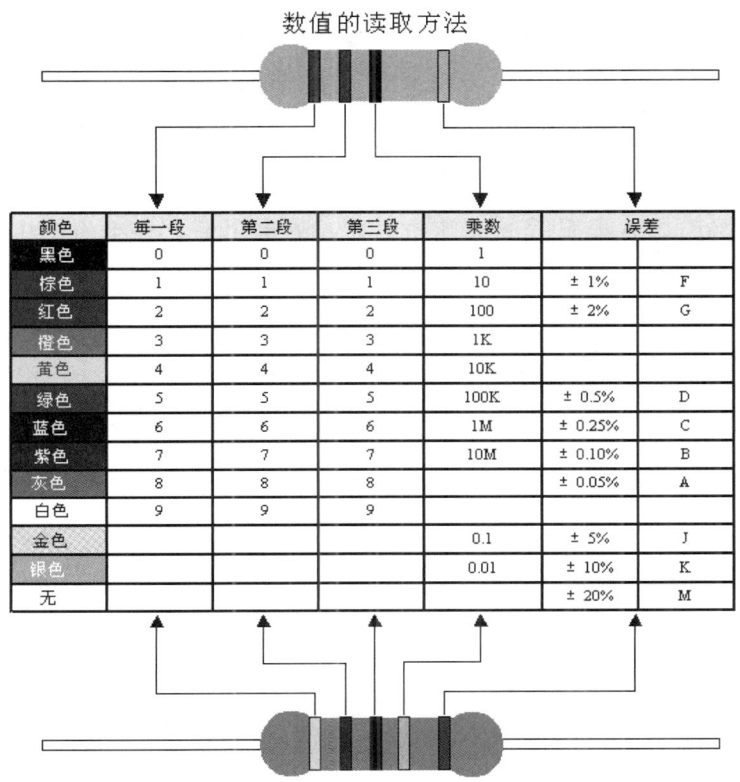

图 4-4 色环电阻数值的读取方法

色环电阻是应用于各种电子设备的最多的电阻类型,无论怎样安装,维修者都能方便地读出其阻值,便于检测和更换。但在实践中发现,有些色环电阻的排列顺序不甚分明,往往容易读错,在识别时,可运用如下技巧加以判断:

(1) 先找标志误差的色环,从而排定色环顺序。最常用的表示电阻误差的颜色是金、银、棕,尤其是金环和银环,一般绝少用作电阻色环的第一环,所以在电阻上只要有金环和银环,就可以基本认定这是色环电阻的最末一环。

(2) 棕色环是否是误差标志的判别。棕色环既常用作误差环,又常作为有效数字环,且常常在第一环和最末一环中同时出现,使人很难识别谁是第一环。在实践中,可以按照色环之间的间隔加以判别:比如对于一个五道色环的电阻而言,第五环和第四环之间的间隔比第一环和第二环之间的间隔要宽一些,据此可判定色环的排列顺序。

（3）在仅靠色环间距还无法判定色环顺序的情况下，还可以利用电阻的生产序列值来加以判别。比如有一个电阻的色环读序是：棕、黑、黑、黄、棕，其值为：100×10 000 = 1（MΩ），误差为 1%，属于正常的电阻系列值；若是反顺序读：棕、黄、黑、黑、棕，其值为 140×1 Ω = 140 Ω，误差为 1%。显然按照后一种排序所读出的电阻值，在电阻的生产系列中是没有的，故后一种色环顺序是不对的。

2．用指针式万用表测电阻的步骤及方法

1）万用表机械调零

在测量前，应注意万用表水平放置时，表头指针是否处于交直流挡标尺的零刻度线上，否则读数会有较大的误差。若不在零位，应通过机械调零的方法（即使用小螺丝刀调整表头下方机械调零旋钮）使指针回到零位，如图 4-5 所示。

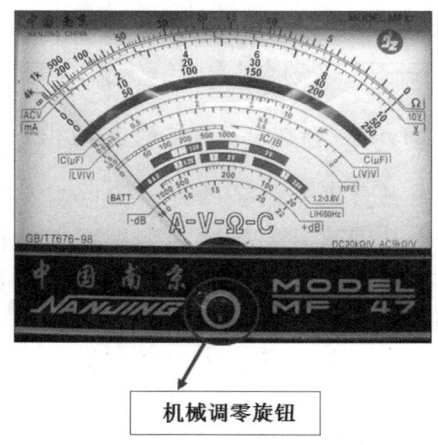

图 4-5　指针式万用表机械调零旋钮

2）选择合适的万用表挡位

为了提高测量精度，应根据电阻标称值的大小来选择挡位，使指针的指示值尽可能落到刻度中段位置（即全刻度起始的 20%～80%弧度），以使测量数据更准确，如图 4-6 所示。

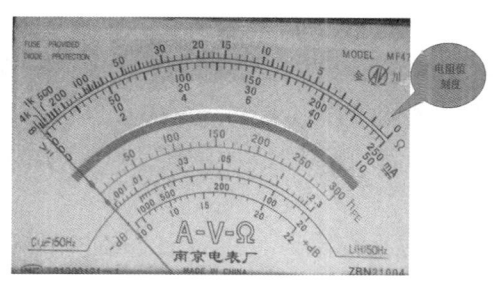
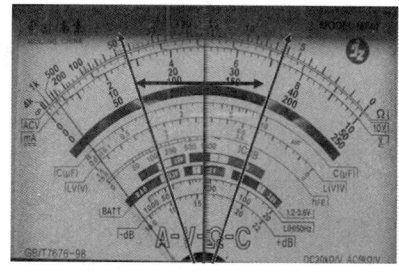

图 4-6 指针式万用表乌阻值刻度线及选择正确挡位

3）万用表欧姆调零

将万用表置于某一欧姆挡后，红、黑表笔短接，调整微调旋钮，使万用表指针指向 0 欧姆的位置，然后再进行测试，如图 4-7 所示。

图 4-7 指针式万用表欧姆调零

4）用万用表测量与读数

将两表笔（不分正负）分别与电阻的两端引脚相接即可测出实际电阻值。测量时，待表针停稳后读取读数，然后乘以倍率，就是所测电阻值。

若用万用表测得的阻值与电阻标称阻值相等或在电阻的误差范围之内，则电阻正常；若两者之间出现较大偏差，即万用表显示的实际阻值超出电阻的误差范围，则该电阻不良；若万用表测得电阻值为无穷大（断路）、阻值为零（短路）或不稳定，则表明该电阻已损坏，不能再继续使用。

3. 可变电阻的检测步骤及方法

1）测量电位器的标称值及变化阻值

电位器标称阻值是它的最大电阻值。

测量前，选择好万用表的合适的欧姆挡位。

测量时，将万用表的红、黑表笔分别接在定片引脚上，万用表读数应为电位器的标称阻值。若读数与标称值相差很多，则说明该电位器已损坏。

当电位器标称值正常时，再测量其变化阻值及活动触点与电阻体接触是否良好。此时用万用表的一个表笔接在动触点引脚（通常为中间引脚），另一表笔接在一定触点引脚（两边引脚）。

接好表笔后，万用表应显示为零或为标称阻值，再将电位器的转轴从一个极端位置旋转至另一个极端位置，阻值应从零（或标称值）连续变化到标称阻值（或零）。在电位器的转轴转动或滑动过程中，若万用表的指针平稳移动或显示的示数均匀变化，则说明被测电位器良好；若旋转轴柄时万用表阻值读数有跳动现象，则说明被测电位器活动触点有接触不良的故障。

2）检测外壳与引脚的绝缘情况

将万用表调至最大欧姆挡，一只表笔接电位器的外壳，另一只表笔逐个接触电位器引脚，测其阻值，阻值应为无穷大。

3）检查带开关的电位器的开关是否良好

带开关的电位器的开关检查前，应旋动或推拉电位器柄，随着开关的断开和接通，应有良好的手感，同时可听到开关触点弹动发出的响声。

【任务实施注意事项】

（1）根据电子设备的技术指标和电路的具体要求选用电阻的型号和精度级别。

（2）为了提高设备的可靠性，延长使用寿命，应选用额定功率大于实际消耗功率1.5~2倍的电位器。

（3）在装配电子仪器时，若所用为非色环电阻，则应将电阻标称值标志朝上且标志顺序一致，以便观察。

（4）检测电阻时，手不要同时触及电阻两端引脚，以免在被测电阻上并联人体电阻造成测量误差。

【任务知识巩固】

（1）选用电阻时应考虑哪些问题？

（2）电路中如需串联或并联电阻来获得所需阻值，怎样确定其额定功率：阻值相同的电阻串联或并联，额定功率取决于谁？阻值不同的电阻串联，额定功率取决于谁？

任务 4.2　电容器的质量判断

【任务理论知识】

1. 电容器的定义及分类

电容器简称电容，是一种容纳电荷的器件，用字母 C 表示。电容是电子设备中大量使用的电子元件之一，广泛应用于隔直、耦合、旁路、滤波、调谐回路、能量转换、控制电路等方面。常用的电容器如图 4-8 所示。

图 4-8　常见电容器实物图

电容器的分类见表 4-3。

表 4-3　电容器的分类

按结构	固定电容器、可变电容器和微调电容器
按电解质	有机介质电容器、无机介质电容器、电解电容器和空气介质电容器等
按制造材料	瓷介电容、涤纶电容、电解电容、钽电容，还有先进的聚丙烯电容等
按用途	高频旁路、低频旁路、滤波、调谐、高频耦合、低频耦合、小型电容器

2. 电容器的型号命名与标示

国产电容器的型号一般由四部分组成（不适用于压敏、可变、真空电容器）。

第一部分：名称，用字母表示，电容器用 C。

第二部分：材料，用字母表示。如 A-钽电解、B-聚苯乙烯等非极性薄膜、C-高频陶瓷、D-铝电解、E-其他材料电解、G-合金电解、H-复合介质、I-玻璃釉、J-金属化纸、L-涤纶等极性有机薄膜、N-铌电解、O-玻璃膜、Q-漆膜、T-低频陶瓷、V-云母纸、Y-云母、Z-纸介。

第三部分：分类，一般用数字表示，个别用字母表示。

第四部分：序号，用数字表示。

电容器容量标示如表 4-4 所示。

表 4-4　电容器容量标示

直标法	用数字和单位符号直接表示出容量。如 1 uF 表示 1 μF；有些电容用"R"表示小数点，如 R56 表示 0.56 μF
文字符号法	用数字和文字符号有规律的组合来表示容量。如 p10 表示 0.1 pF，1p0 表示 1 pF
色标法	用色环或色点表示电容器的主要参数
偏差标志符号	+100%-0--H、+100%-10%--R、+50%-10%--T、+30%-10%--Q、+50%-20%--S、+80%-20%--Z
数学计数法	如瓷介电容，标值 272，容量就是：27 ×100 pF = 2 700 pF

3．电容器的主要参数

电容器的主要参数如表 4-5 所示。

表 4-5　电容器的主要参数

允许偏差	电容器实际电容量与标称电容量的偏差，也称为允许误差
精度	允许的偏差范围称为精度。一般电容器常用 I、II、III 级，电解电容器用 IV、V、VI 级。精度等级与允许误差的对应关系为：00（01）-±1%、0（02）-±2%、I -±5%、II -±10%、III -±20%、IV -（+20%～10%）、V -（+50%～20%）、VI -（+50%～30%）
耐压	在最低环境温度和额定环境温度下可连续加在电容器上的最高直流电压有效值
绝缘电阻	直流电压加在电容上，并产生漏电电流，两者之比称为绝缘电阻
频率特性	随着频率的上升，一般电容器的电容量呈现下降的规律

【任务实施步骤及方法】

1. 固定电容器的质量判别

1）检测 10 pF 以下的小电容

因 10 pF 以下的固定电容器容量太小，用万用表进行测量，只能定性地检查其是否有漏电、内部短路或击穿现象。测量时，可选用万用表 R×10 k 挡，用两表笔分别任意接电容的两个引脚，阻值应为无穷大。若测出阻值（指针向右摆动）为零，则说明电容漏电损坏或内部击穿。

2）检测 10 pF ~ 0.01 μF 的电容

对于 10 pF ~ 0.01 μF 的固定电容器，先检查是否有充电现象，进而判断其好坏。万用表选用 R×1 k 挡。两只三极管的 β 值均为 100 以上，且穿透电流要大些，可选用 3DG6 等型号硅三极管组成复合管。万用表的红、黑表笔分别与复合管的发射极 e 和集电极 c 相接。由于复合三极管的放大作用，把被测电容的充放电过程予以放大，使万用表指针摆幅加大，从而便于观察。

3）检测 0.01 μF 以上的电容

对于 0.01 μF 以上的固定电容，可用万用表的 R×10 k 挡直接测试电容器有无充电过程以及有无内部短路或漏电，并可根据指针向右摆动的幅度大小估计出电器的容量。

2. 电解电容器的质量判别

1）电解电容器的极性判断

（1）从外形识别电解电容器的正负极，长脚为正极，短脚为负极，或者有白色标记的一端为负极，如图 4-9 所示。

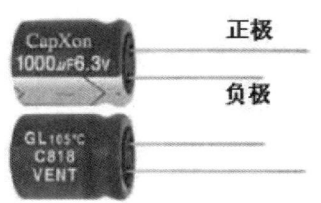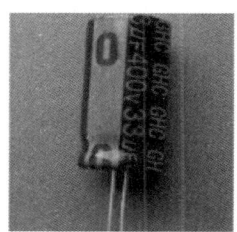

图 4-9　电解电容器极性识别

（2）对于正、负极标志不明的电解电容器，可利用测量漏电阻的方法加以判别。任意测一下漏电阻，记住其大小；然后交换表笔再测出一个阻值。两次测量中阻值大的那一次便是正向接法，即黑表笔接的是正极、红表笔接的是负极。

2）电解电容器的性能判别

将万用表红表笔接负极，黑表笔接正极，在刚接触的瞬间，万用表指针即向右偏转较大幅度（对于同一电阻挡，容量越大，摆幅越大），接着逐渐向左回转，直到停在某一位置。此时的阻值便是电解电容的正向漏电阻，此值略大于反向漏电阻。实际使用经验表明，电解电容的漏电阻一般应在几百千欧以上，否则将不能正常工作。

在测量漏电阻时，若正向、反向均无充电的现象，即表针不动，则说明容量消失或内部断路；如果所测阻值很小或为零，说明电容漏电大或已击穿损坏，不能再使用。

3）电解电容器的容量测试

使用万用表电阻挡，采用给电解电容进行正、反向充电的方法，根据指针向右摆动幅度的大小，可估测出电解电容的容量。一般情况下，1~47μF间的电容，可用R×1k挡测量，大于47μF的电容可用R×100挡测量。

3. 可变电容器的质量判别

（1）用手轻轻旋动转轴，应感觉十分平滑，不应感觉有时松时紧甚至有卡滞现象。将转轴向前、后、上、下、左、右等各个方向推动时，转轴不应有松动的现象。

（2）用一只手旋动转轴，另一只手轻摸动片组的外缘，不应感觉有任何松脱现象。转轴与动片之间接触不良的可变电容器，是不能再继续使用的。

（3）将万用表置于R×10k挡，一只手将两个表笔分别接可变电容器的动片和定片的引出端，另一只手将转轴缓缓旋动几个来回，万用表指针都应在无穷大位置不动。在旋动转轴的过程中，如果指针有时指向零，说明动片和定片之间存在短路点；如果碰到某一角度，万用表读数不为无穷大而是出现一定阻值，说明可变电容器动片与定片之间存在漏电现象。

【任务实施注意事项】

（1）在测试固定电容时，特别是在测较小容量的电容时，要反复调换被测电容引脚接触 A、B 两点，才能明显地看到用表指针的摆动。

（2）电解电容的容量较一般固定电容大得多，因此测量时，应针对不同容量选用合适的量程。

【任务知识巩固】

影响电容质量好坏的因素除了电容量的大小外还有什么？

任务 4.3 电感器的质量判断

【任务理论知识】

1. 电感器的定义及分类

电感器又称电感线圈，是常见的磁性元器件之一，用字母 L 表示。电感器在电路中主要是利用电磁感应现象，通过阻碍交流电流的变化来实现其功能的。各类电感器如图 4-10 所示。

图 4-10 各类电感器实物图

电感的分类如表 4-6 所示。

表 4-6　电感的分类

分类方法	电感器种类	特　点
按电感量分类	固定电感器	电感量固定不能随意调节
	可调电感器	电感量在一定范围内可以调节
按工作频率分类	低频电感器	工作频率不超过 60 Hz，如电路输入级的 EMI 共模或差模电感
	中频电感器	工作频率 60 Hz～20 kHz，如功率电感、储能电感等
	高频电感器	工作频率大于 20 kHz，如色码电感和高 Q 值电感
按封装方式分类	插件电感器	成本低，体积大，电感量范围宽
	贴片电感器	又称功率电感，小型化，高能量存储，高品质
按导磁体性质分类	空心电感线圈	不带磁芯的单层绕组结构，电感量低，主要用于高频振荡电路
	磁芯电感线圈	不带磁芯的单层绕组结构，电感量低、集肤效应及匝间电容低，主要用于高频振荡电路

2．电感器的结构及特性

1）电感的基本结构

电感线圈是由导线一圈挨一圈的绕在导磁体上，导线彼此绝缘，而导磁体可以是空心的，也可以是铁芯或磁芯。

2）电感的工作原理简述

线圈中通过交流电流时，其周围将呈现出随时间而变化的磁场。根据法拉第电磁感应定律，变化的磁场在线圈两端会产生感应电势，当感应电动势形成闭合回路时，此感应电势就要产生感应电流，由楞次定律可知，感应电流所产生的磁场总要力图阻止原来磁场的变化。

3）电感在电路中的特性

电感在电路中的特性可概括为：通直流阻交流，将电场能储存为磁场能。即：理想的电感器对直流电流没有任何阻碍作用；对交流电流，随着频率的增加，其阻碍作越来越明显。

3. 电感器的主要参数

电感器的主要参数如表 4-7 所示。

表 4-7 电感器的主要参数

电感误差	决定于电感静态感量的精度等级。常用的有 ±5%（J 级）；±10%（K 级）；±20%（M 级）；±25%（N 级）；±30%
直流电阻	指电感的漆包线直流电阻值，越小越好
额定电流	温升电流：电感表面温升 ΔT 小于 40 ℃ 时流过电感的最大电流值；饱和电流：电感量下降至原来的 70%（参考值）时流过电感的最大电流值，取二者中小的为额定电流
品质因数	是表示线圈质量的一个物理量，用字母 Q 表示，是感抗 X_L 与其等效的电阻的比值，即：$Q = X_L/R$

【任务实施步骤及方法】

1. 色码电感器的质量判别

将万用表置于 R×1 挡，红、黑表笔各接色码电感器的任一引出端，此时指针应向右摆动。根据测出的电阻值大小，可具体分下述三种情况进行鉴别：

（1）被测色码电感器电阻值为零，其内部有短路性故障。

（2）被测色码电感器直流电阻值的大小与绕制电感器线圈所用的漆包线线径、绕制圈数有直接关系，只要能测出电阻值，则可认为被测色码电感器是正常的。

（3）被测色码电感器电阻值为 ∞，其内部断路。

2. 中周变压器的检测

（1）将万用表拨至 R×1 挡，按照中周变压器的各绕组引脚排列规律，逐一检查各绕组的通断情况，进而判断其是否正常。

（2）检测绝缘性能。将万用表置于 R×10 k 挡，做如下几种状态测试：

① 初级绕组与次级绕组之间的电阻值；

② 初级绕组与外壳之间的电阻值；

③ 次级绕组与外壳之间的电阻值。

上述测试结果分出现三种情况：

① 阻值为无穷大：正常；

② 阻值为零：有短路性故障；

③ 阻值小于无穷大，但大于零：有漏电性故障。

3．电源变压器的检测

（1）通过观察变压器的外貌来检查其是否有明显异常现象。如线圈引线是否断裂、脱焊，绝缘材料是否有烧焦痕迹，铁芯紧固螺杆是否有松动，硅钢片有无锈蚀，绕组线圈是否有外露等。

（2）绝缘性测试。用万用表 R×10 k 挡分别测量铁芯与初级、初级与各次级、铁芯与各次级、静电屏蔽层与各次级、次级各绕组间的电阻值，万用表指针均应指在无穷大位置不动。否则，说明变压器绝缘性能不良。

（3）线圈通断的检测。将万用表置于 R×1 挡，测试中，若某个绕组的电阻值为无穷大，则说明此绕组有断路性故障。

（4）判别初、次级线圈。电源变压器初级引脚和次级引脚一般都是分别从两侧引出的，并且初级绕组多标有 220 V 字样，次级绕组则标出额定电压值，如 15 V、24 V、35 V 等，可以根据这些标记进行识别。

（5）空载电流的检测。

① 直接测量法。将次级所有绕组全部开路，把万用表置于交流电流挡 500 mA，串入初级绕组。当初级绕组的插头插入 220 V 交流市电时，万用表所指示的便是空载电流值。此值不应大于变压器满载电流的 10% ~ 20%。一般常见电子设备电源变压器的正常空载电流应在 100 mA 左右。如果超出太多，则说明变压器有短路性故障。

② 间接测量法。在变压器的初级绕组中串联一个 10 /5 W 的电阻，次级仍全部空载。把万用表拨至交流电压挡。加电后，用两表笔测出电阻 R 两端的电压降 U，然后用欧姆定律算出空载电流 $I_空$，即 $I_空 = U/R$。

（6）空载电压的检测。将电源变压器的初级接 220 V 市电，用万用表交流电压挡依次测出各绕组的空载电压值（U_{21}、U_{22}、U_{23}、U_{24}）应符合要求值，允许误差范围一般为：高压绕组 ≤ ±10%，低压绕组 ≤ ±5%，带中心抽头的两组对称绕组的电压差应 ≤ ±2%。

（7）允许温升：一般小功率电源变压器允许温升为 40 ℃ ~ 50 ℃，如果所用绝缘材料质量较好，允许温升还可以提高。

（8）检测判别各绕组的同名端。

在使用电源变压器时，有时为了得到所需的次级电压，可将两个或多个次级绕组串联起来使用。采用串联法使用电源变压器时，参加串联的各绕组的同名端必须正确连接，不能搞错。否则，变压器不能正常工作。

【任务知识巩固】

影响电感器质量好坏的因素除了电感量的大小外还有什么？

任务 4.4　二极管的质量判断

【任务理论知识】

1. 二极管的结构

将 PN 结封装，引出两个电极，就构成了二极管，常见的二极管如图 4-11 所示，二极管的结构及电路符号如图 4-12 所示。

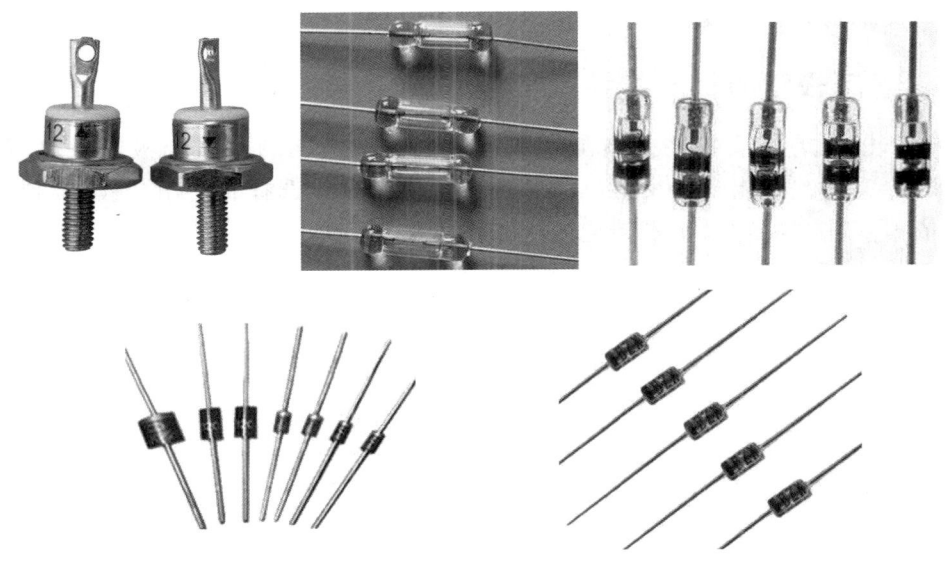

图 4-11　常见二极管外形图

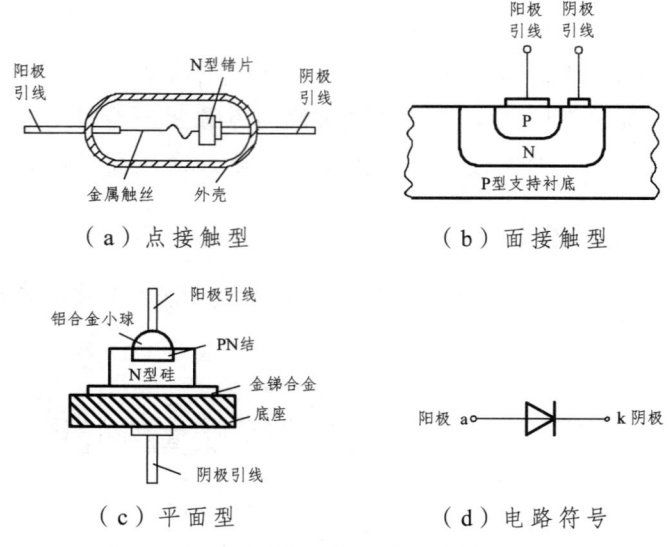

图 4-12 二极管结构示意图及电路符号

2．二极管的分类

按材料分：硅二极管、锗二极管、砷化镓二极管；
按功率分：小功率管、大功率管；
按用途分：普通二极管、整流二极管、稳压二极管、开关二极管等；
按结构分：点接触型、面接触型、平面型。

3．二极管的伏安特性

二极管的伏安特性是指加在二极管两端的电压与流过二极管的电流之间的关系，它能全面反映二极管的主要性能，是选择和使用二极管的重要依据。硅二极管的伏安特性曲线如图 4-13 所示。

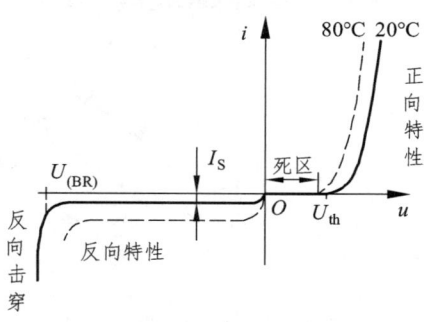

图 4-13 硅二极管的伏安特性曲线

1）正向特性

给二极管加正向电压，此时电压与二极管电流之间的关系，即为二极管的正向特性。硅二极管的正向特性如图 4-13 第一象限内的曲线所示。由图可见，当外加正向电压小于某一数值时，二极管几乎不导通，这段区域称为死区；当正向电压超过 U_{th} 时，二极管产生正向电流，对应的电压 U_{th} 称为死区电压。它与管子材料和环境温度有关，如在环境温度为 25 ℃ 时，硅管死区电压约为 0.5 V，锗管的约为 0.2 V；当外加电压大于死区电压后，随着电压升高，电流显著增大，二极管呈现低阻状态，这时称二极管为"正向导通"状态。通常硅管的正向导通压降为 0.6~0.7 V，锗管为 0.2~0.3 V。

2）反向特性

硅二极管反向特性如图 4-13 中第三象内的曲线所示。当二极管外加反向电压小于一定数值时，产生的反向电流极小，二极管近似于截止状态，此时二极管的反向电流 I_s 称为反向饱和电流。温度一定时，二极管的反向饱和电流不随电压变化而变化，呈饱和性。

3）反向击穿特性

当外加反向电压超过某一数值后，反向电流会急剧增大，这种现象称为反向击穿。对应电流急剧增大的电压称为二极管的反向击穿电压，用 $U_{(BR)}$ 表示。一般二极管不允许工作在反向击穿状态。

4．二极管的命名及表示

二极管的命名及表示如表 4-8 所示。

表 4-8　二极管的命名及表示

第一部分	第二部分 （用字母表示材料）	第三部分 （用字母表示功能）	第四部分 （用数字表示序号）	第五部分
2：二极管	A：N 型锗材料	P：普通管	序号	规格（可缺）
	B：P 型锗材料	V：微波管		
	C：N 型硅材料	W：稳压管		
	D：P 型硅材料	C：参数管		
	E：化合物材料	Z：整流管		
		T：闸流管		
		S：隧道管		
		N：阻尼管		
		U：光电管		

5. 二极管的主要参数

参数分类	参数名称	参数含义
直流参数	最大整流电流 I_{FM}	管子长期运行时,允许通过的最大正向平均电流
	最高反向工作电压 U_{RM}	约为反向击穿电压的一半
	反向电流 I_R	管子击穿时的反向电流,其值愈小,则管子的单向导电性愈好
交流参数	极间电容 C_j	反映二极管中PN结电容效应的参数
	最高工作频率 f_M	由二极管的反向恢复时间决定,反向恢复时间越短,则工作频率越高

【任务实施步骤及方法】

1. 二极管的极性判别

二极管的极性可通过其外观来判别,如图4-14所示,普通二极管的有色端为负极,发光二极管的长脚为正极、短脚为负极。

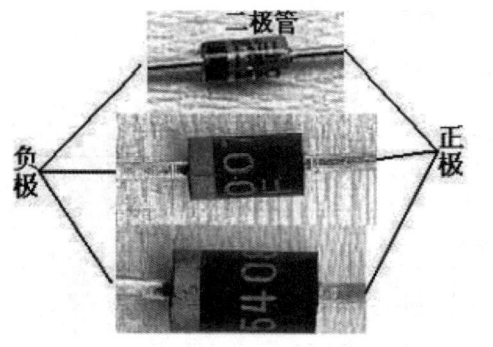

图 4-14 二极管的极性识别

2. 普通二极管质量判别

可通过测量二极管正、反向电阻的大小,来检查二极管性能的好坏。锗管用 R×100 挡测量,硅管用 R×1K 挡测量。正、反向电阻相差越大越好。一般二极管的正向电阻在 100～600 Ω 之间，反向电阻在几百千欧以上。

如果测得二极管正、反向电阻均为无穷大，表示 PN 结断开；正、反向电阻都为零，表示 PN 结击穿短路；如果正、反向电阻一样大或比较接近，这样的二极管也是坏的。

3．发光二极管质量判别

发光二极管是一种把电能转换成光能的半导体器件。

发光二极管也具有单向导电性，使用 R×1K 挡可测出其正、反向电阻。一般正向电阻应小于 80 kΩ，反向电阻应大于 400 kΩ。

若正、反向电阻均为零，说明内部已击穿短路。

若正、反电阻均为无穷大，说明内部开路。

仅仅测量正、反向电阻，还不能检查其能否正常发光。一般发光二极管的正向压降为 1.5～2.3 V，而万用表的 R×1 或 R×10 挡使用 1.5 V 电池，所以这两挡不能使管子正向导通发光。R×10K 挡的电池电压虽然较高，但因内阻太大，提供的工作电流太小，所以发光二极管也不会发光。

检查发光二极管的发光情况，可以选用数字万用表的二极管挡。测量时，将数字万用表的挡位选到测量二极管的挡位上，红笔接发光二极管的正极，黑笔接发光二极管的负极，如果不发光，说明发光二极管内部开路。

4．稳压二极管质量判别

稳压二极管也具有单向导电特性，将万用表拨到 R×100 或 R×1K 挡，对稳压二极管进行导通测量。

如果测得正向电阻较小、反向电阻很大，则说明稳压二极管没有损坏。

如果测得正、反向电阻均为零，说明管子已击穿短路。

如果测得正、反向电阻均为无穷大，说明内部开路。

如果测得正、反方向电阻相差不多，表明管子已失效。

【任务实施注意事项】

检测二极管时，要时刻考虑二极管可以承受的工作电流和工作电压，否则容易引起二极管的损坏。

【任务知识巩固】

（1）二极管的导电特性是怎样的？使用时应注意什么？

（2）用万用表判别二极管的质量好坏时，怎样进行电阻挡的选取？

任务 4.5　三极管的质量判断

【任务理论知识】

1. 三极管的外形

三极管从封装外形来分，一般有硅酮塑料封装、金属封装以及用于表面安装的片状三极管，目前常用的 90×× 系列三极管采用 TO-92 型塑封，它们的型号一般都标在塑壳上。常用三极管如图 4-15 所示。

图 4-15　常见三极管实物图

2. 三极管的结构和工作原理

1）三极管的基本结构

半导体三极管是通过一定的工艺，在同一块半导体基片上制成三层杂质半导体，从而形成两个 PN 结、三个区域，结构示意图如图 4-16 所示。

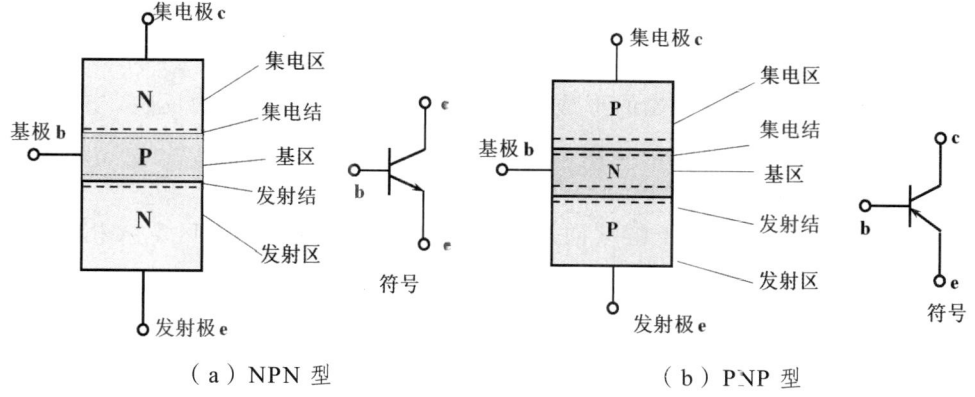

（a）NPN 型　　　　　　　　（b）PNP 型

图 4-16　三极管结构图

NPN 型三极管剖面图如图 4-17 所示。结构制作要求如下：
（1）发射区：高杂质掺杂浓度；
（2）基区：很薄（通常为几微米～几十微米），低掺杂浓度；
（3）集电区：掺杂浓度要比发射区低；结面积比发射区大。

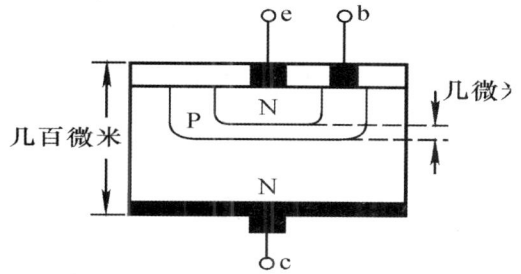

图 4-17　NPN 型三极管剖面图

2）三极管的分类

按结构分为：NPN 型和 PNP 型管；
按材料分为：硅管和锗管；
按功率分为：大功率管、中功率管、小功率管；
按工作状态分为：放大管和开关管；
按工作频率分为：高频管和低频管。

3）三极管的工作条件及电流分配关系

三极管要想实现放大作用，除了要保证内部结构以外，还必须具备一定的外部条件，即给两个 PN 结加合适的电压。三极管工作在放大状态的工作条件是：发射结加正向电压（正偏），集电结加反向电压（反偏）。基本的共射极放大电路如图 4-18 所示。

三极管外部各极电流的形成是三极管内部载流子运动的反映。三极管内部载流子运动分为三个过程，如图 4-19 所示。

（1）发射区向基区注入电子，从而形成发射极电流 I_E。

（2）在基区中，电子继续向集电结扩散，少数电子与基区空穴相复合，形成 I_B 电流。

（3）集电区收集大部分的电子，形成 I_C 电流。

另外，集电区的少子形成反向饱和电流 I_{CBO}。

扩散运动形成发射极电流 I_E，复合运动形成基极电流 I_B，漂移运动形成集电极电流 I_C，且有

$$I_E = I_B + I_C$$

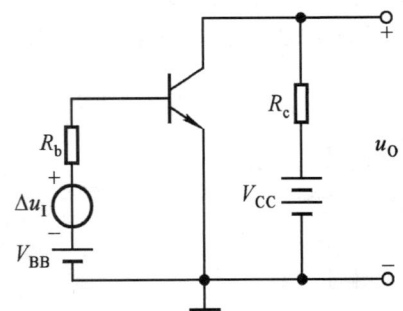

图 4-18　基本共射极放大电路

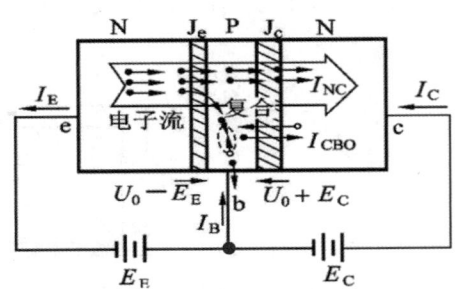

图 4-19　三极管内部载流子的运动

4）三极管的电流放大作用

共射电流放大系数：通常把集电极电流 I_C 与基极电流 I_B 的比值称为三极管共射极直流电流的放大系数，用 $\overline{\beta}$ 表示，即

$$\overline{\beta} = \frac{I_C}{I_B}$$

5）三极管的伏安特性

（1）输入特性曲线：集电极和发射极之间的电压 U_{CE} 为某一常数时，基极电流 i_B 与基极和发射极之间的电压 u_{BE} 之间的关系曲线，如图 4-20 所示。

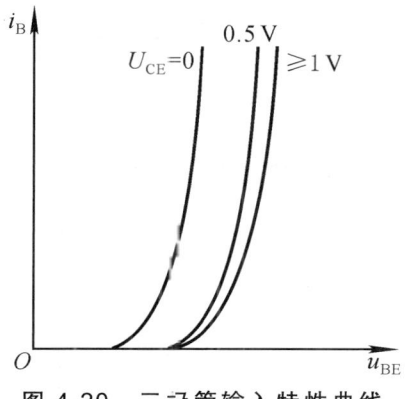

图 4-20 三极管输入特性曲线

特点：

① $U_{CE}=0$ 时，相当于集电极和发射极短路，三极管相当于两个正向并联二极管，输入特性类似于二极管正向伏安特性。

② U_{CE} 增大后，输入特性向右移动，表示对输入特性有影响。

（2）输出特性曲线：基极电流 i_B 为某一常数时，集电极电流 i_C 与集电极和发射极之间的电压 u_{CE} 之间的关系。即：对于每一个确定的 I_B，都有一条曲线与之对应，因此输出特性曲线不是一条，是一族曲线，如图 4-21 所示。

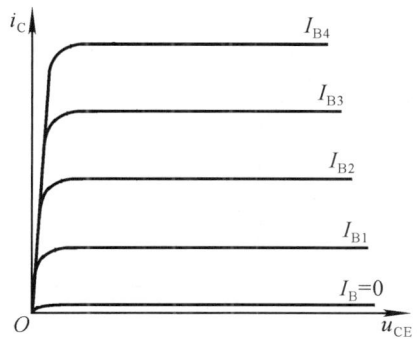

图 4-21 三极管输出特性曲线

通常三极管的输出特性分为三个区域：截止区、放大区、饱和区，如图 4-22 所示。相应地三极管工作状态有：截止状态、放大状态、饱和状态。

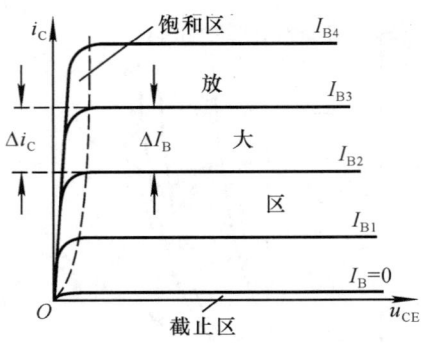

图 4-22 三极管工作区域

2. 三极管的命名及表示

三极管的型号命名由 5 部分组成，如表 4-9 所示。第一部分用数字"3"表示三极管；第二部分用字母表示材料和极性；第三部分用字母表示类型；第四部分用数字表示序号；第五部分用字母表示规格。

表 4-9 三极管的型号命名

第一部分	第二部分 （用字母表示材料）		第三部分 （用字母表示功能）		第四部分 （用数字表示序号）	第五部分
3：三极管	A：	PNP 型锗材料	X：	低频小功率管	序号	规格（可缺）
	B：	NPN 型锗材料	G：	高频小功率管		
	C：	PNP 型硅材料	D：	低频大功率管		
	D：	NPN 型硅材料	A：	高频大功率管		
	E：	化合物材料	K：	开关管		
			T：	闸流管		
			J：	结型场效应管		
			Q：	MOS 场效应管		
			U：	光电管		

3. 三极管的主要参数

1）放大参数

β——共射极交流电流放大系数，定义为集电极电流变化量与基极电流变化量之比，即 $\beta = \dfrac{\Delta i_C}{\Delta i_B}\bigg|_{U_{CE}} = $ 常数。

2）开关参数

t_{on}——开通时间；

t_{off}——关闭时间。

3）极间饱和参数

I_{CBO}——反向饱和电流，是集电结加上一定的反偏电压时，集电区和基区的平衡少子各自向对方飘移形成的反向电流。在一定温度下，这个反向电流基本上是个常数。

I_{CEO}——穿透电流，是基极开路时，由集电区穿过基区流向发射区的反向饱和电流。

4）极限参数

I_{CM}——集电极最大允许电流。

P_{CM}——集电极最大允许功率损耗。

U_{CBO}——发射极开路时，集电极-基极间的反向击穿电压。

U_{CEO}——基极开路时，集电极-发射极间的反向击穿电压。

U_{EBO}——集电极开路时，发射极-基极间的反向击穿电压。

【任务实施步骤及方法】

1. 判定三极管的基极

用万用表测量三个电极中每两个极正、反向电阻（共三组），其中必有两组测得的正、反向电阻相差较大，有一组正、反向电阻相差较小一点（相对另外两组而言）。相差较小的这一组两个电极就是集电极与发射极，剩下的一个极就是基极。为了防止判断错误，可再用表笔之一接测得的基极，另外一个表笔分别测另外两个电极，此时阻值或者都较大或者都较小，那么这个电极确是基极。用一表笔接基极，另一表笔测其他两个电极阻值均小，调换一下表笔同样测量阻值应当均大。具体操作如图 4-23（a）所示。

2. 判定三极管的管型

已找出基极之后就可以判断晶体管为 PNP 还是 NPN 型。如果将红笔接基极，黑笔分别测发射极、集电极，测得阻值均小，说明为 PNP 型管；

反之黑笔接基极，红笔分别测发射极、集电极，测得两极阻值均小，说明为 NPN 型。

3. 判别三极管的集电极、发射极

对于 PNP 管可用红笔接假定的集电极，黑笔接假定的发射极，然后用两手分别紧捏红笔与基极之间（不要接触黑笔），此时表针会有一定的摆动（也可在红笔与基极之间接一个 50～100 kΩ 的电阻）；反过来再假定另外一个电极为集电极，用同样方法测量，比较两次表针摆动幅度的大小，摆动大的一次红笔所接的就是集电极。对 NPN 管则用黑笔接假定的集电极，其他方法与上相同。具体操作如图 4-23（b）所示。

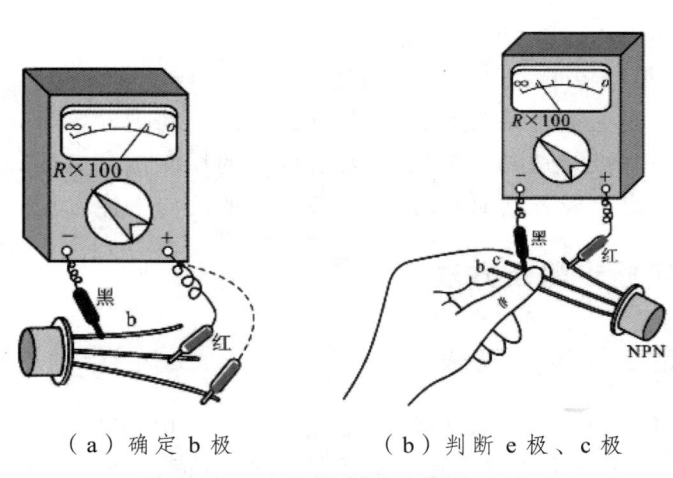

（a）确定 b 极　　　　（b）判断 e 极、c 极

图 4-23　三极管各极的判断方法

4. 判断三极管的性能好坏

在上面测量中，如果发现 PN 结的正向电阻为无穷大，则是内部断极；如果 PN 结反向电阻为零，或者集电极与发射极之间的电阻为零，则是晶体管击穿；如果 PN 结的正、反向电阻相差不大，或集电极与发射极之间的电阻很小，这样的晶体管基本上是坏的。

【任务实施注意事项】

（1）因晶体管是非线性元件，同一晶体管用不同的万用表、不同的量

程，测量出的电阻值可能相差很大（由于万用表的电路不同，晶体管的非线性表现的电阻也就不同）。另外，不同类型的晶体管（如锗管和硅管、大功率管与小功率管、高频管与低频等）电阻值相差也很大。

（2）对硅管，一般宜用高阻挡（R×1K）测量；对于低频大功率管，一般宜用低阻挡（R×100）测量，否则容易引起误判断。

（3）测得正、反方向阻值正常的晶体管并不一定就是好的，有一些明显的损坏通过阻值测量可以看出来（如 PN 结断路或短路），但有许多情况是反映不出来的，如管子的放大性能不好或高频性能不好等。因此，电阻法只是一种粗测的方法，可作为大致判断但不能作为很可靠的依据。

【任务知识巩固】

三极管有哪两种类型？简述其基本结构。

任务 4.6　晶闸管的质量判断

【任务理论知识】

1. 晶闸管的定义

晶闸管是晶体闸流管的简称，它是具有 PNPN 四层结构的各种开关器件的总称。普通晶闸管是晶闸管家族中的一种，又称为可控硅，正式名称为反向阻断三端晶闸管。晶闸管具有体积小、重量轻、无噪声、寿命长、容量大的特点，主要应用于整流、逆变、变频、斩波。晶闸管外形如图 4-24 所示。

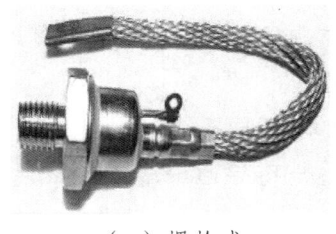
（a）螺栓式

（b）平板式

（c）塑封式

图 4-24　晶闸管的外形

2．晶闸管的基本结构及工作原理

1）晶闸管的基本结构

晶闸管内部有一个硅半导体材料做成的管芯，管芯由四层（PNPN）三端（A、K、G）半导体制成，它具有三个 PN 结，由最外层的 P 层和 N 层分别引出阳极 A 和阴极 K，由中间的 P 层引出门极 G。晶闸管的基本结构及符号如图 4-25 所示。

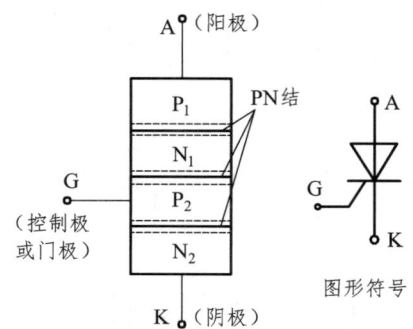

图 4-25 晶闸管的基本结构及符号

2）晶闸管的导通原理

晶闸管的导通原理如图 4-26 所示。

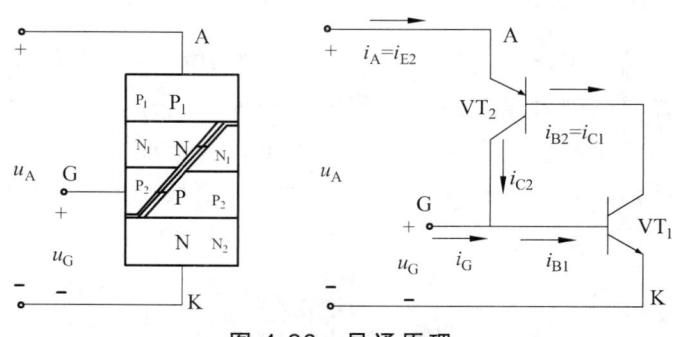

图 4-26 导通原理

（1）$u_G \leq 0$ 时，无论 $u_A > 0$ 或 $u_A < 0$，晶闸管均截止。

（2）$u_A>0$，$u_G>0$ 时，$i_G \to i_{B1} \to T_1$ 导通 $\to i_{C1} = i_{B2} \to T_2$ 导通 $\to i_{B1} = i_G + i_{C2} \to T_1$ 进一步导通 $\to$ 形成正反馈 $\to$ 管子迅速导通。由于 $i_{B1} \approx i_{C2}$，若使 $u_G \leq 0$（$i_G = 0$），管子会继续导通。

（3）晶闸管由导通转换为截止的条件：$u_A \leq 0$ 或 $i_A < I_H$（维持电流）。

结论：晶闸管具有单向导电性（直流开关）。

3. 晶闸管的型号命名和标示

国产晶闸管的型号有两种表示方法，即 KP 系列和 3CT 系列。

额定通态平均电流的系列为 1、5、10、20、30、50、100、200、300、400、500、600、900、1 000（A）等 14 种规格。

额定电压在 1 000 V 以下的，每 100 V 为一级；1 000～3 000 V 的，每 200 V 为一级，用百位数或千位及百位数组合表示级数。

KP 系列的参数表示方式如图 4-27 所示。其通态平均电压分为 9 级，用 A～I 各字母表示 0.4～1.2 V 的范围，每隔 0.1 V 为一级。

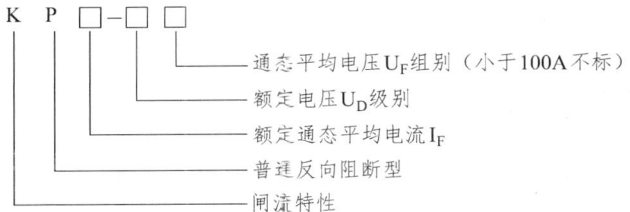

图 4-27　KP 系列参数表示方法

3CT 系列的参数表示方式如图 4-28 所示。

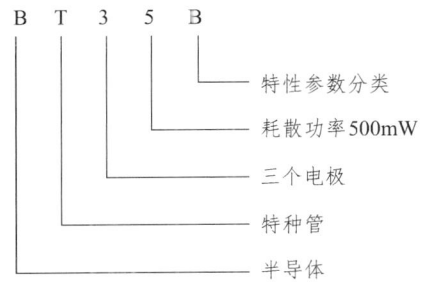

图 4-28　3CT 系列参数表示方式

【任务实施步骤及方法】

1. 判别晶闸管的电极

将万用表置于 R×1k 档或 R×100 档，用万用表黑表笔接其中一个电极，红表笔分别接另外两个电极。假如有一次阻值小，而另一次阻值大，就说明黑表笔接的是门极 G；在所测阻值小的那一次测量中，红表笔接的是阴极 K；而在所测阻值大的那一次，红表笔接的是阳极 A。若两次测量的阻值不符合上述要求，应更换表笔重新测量。

2. 晶闸管的 PN 结特性检测

门极 G 和阴极 K 之间，是一个简单的 PN 结。用万用表测量其正反向电阻，如果两者有很明显的差别，则说明该 PN 结是好的。若两次测的电阻均很大或很小，则说明门极 G 和阴极 K 之间开路或短路。

阳极 A 与门极 G 及阴极 K 之间为 PN 结反向串联。测量正、反向电阻，正常时均应接近无穷大。

3. 晶闸管的触发特性测量检测

（1）万用表置于 R×10 挡，红表笔接阴极 K，黑表笔接阳极 A，指针应接近∞，如图 4-29（a）所示。

（2）用黑表笔在不断开阳极的同时接触门极 G，万用表指针向右偏转到低阻值，表明晶闸管能触发导通，如图 4-29（b）所示。

（3）在不断开阳极 A 的情况下，断开黑表笔与门极 G 的接触，万用表指针应保持在原来的低阻值上，表明晶闸管撤去控制信号后仍将保持导通状态。

具体操作如图 4-29 所示。

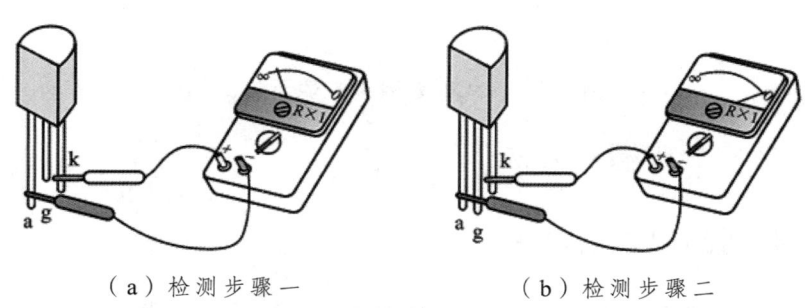

（a）检测步骤一　　　　　（b）检测步骤二

图 4-29　晶闸管质量判别方法

【任务实施注意事项】

（1）用万用表判别晶闸管质量时，应注意选取合适的量程。

（2）晶闸管相当于有3个PN结，可以通过判断3个PN结的特性来判断晶闸管的质量好坏。

【任务知识巩固】

（1）晶闸管的特性是什么？

（2）如果G—K之间的正、反向电阻都等于零，或G—K之间的正、反向电阻都很小，说明晶闸管是什么状态？

项目 5　常用低压电器的识别

【学习目标】

（1）掌握常用低压电器的基本结构和工作原理；
（2）掌握常用低压电器的使用方法和注意事项。

【实施环境】

常用的低压电器：刀开关、低压断路器、接触器、电压继电器、电流继电器、中间继电器、时间继电器、熔断器等低压电器。

【理论知识】

1．低压电器概述

1）低压电器的定义与分类

我国现行标准将工作电压交流 1 200 V、直流 1 500 V 以下的电气线路中起通断、保护、控制或调节作用的电器称为低压电器。

表 5-1 列出了低压电器的三种分类方式。

表 5-1　低压电器的分类

按用途分	控制电器	接触器、继电器、电动机启动器等
	主令电器	按钮、行程开关、万能转换开关等
	保护电器	熔断器、热继电器、各种保护继电器、避雷器等
	执行电器	电磁铁、电磁离合器等
	配电电器	高压断路器、隔离开关、刀开关、低压断路器等
按操作方式分	自动电器	接触器、继电器等
	手动电器	刀开关、转换开关和主令电器等
按工作原理分	电磁式电器	直流接触器、电磁式继电器等
	非电量控制电器	按钮开关、行程开关、刀开关、热继电器、速度继电器等

2）低压电器的基本用途

在输送电能的输电线路和各种用电场合中，需要使用不同的电器来控制电路的通断，并对电路的各种参数进行调节。低压电器在电路中的用途就是根据外界控制信号或控制要求，通过一个或多个器件组合，自动或手动地接通或分断电路，连续或断续地改变电路状态，对电路进行切换、控制、保护、检测和调节。表 5-2 列出了低压电器的主要性能指标。

表 5-2　低压电器的性能指标

绝缘强度	电器元件的触头处于分断状态时，动触头之间耐受的电压值（无击穿或闪烁现象）
耐潮湿性能	保证电器可靠工作的允许环境潮湿条件
极限允许温升	为防止过度氧化和烧熔而规定的最高温升值（温升值＝测得实际温度-环境温度）
操作频率	电器元件在单位时间（1h）内允许操作的最高次数
寿命	包括电寿命和机械寿命两项指标。电寿命指电器元件的触头在规定的电路条件下，正常操作额定负荷电流的总次数。机械寿命指电器在规定使用条件下，正常操作的总次数

2．开关电器

1）刀开关

刀开关的典型结构如图 5-1 所示，主要由静插座、触刀、操作手柄、绝缘底板组成。实物图如图 5-2 所示。

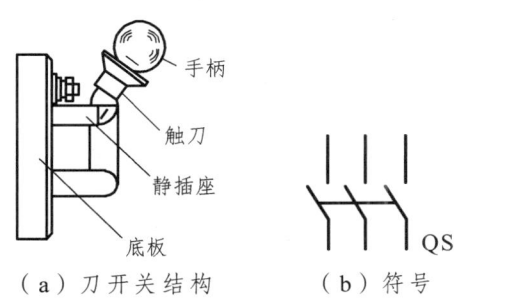

图 5-1　刀开关典型结构　　图 5-2　刀开关实物图

刀开关又可分为：开关板用刀开关（不带熔断器式刀开关）、带熔断器式刀开关和负荷开关。

2）组合开关

组合开关又称转换开关。常用的组合开关有 HZ10 系列，其结构如图 5-3、图 5-4 所示。

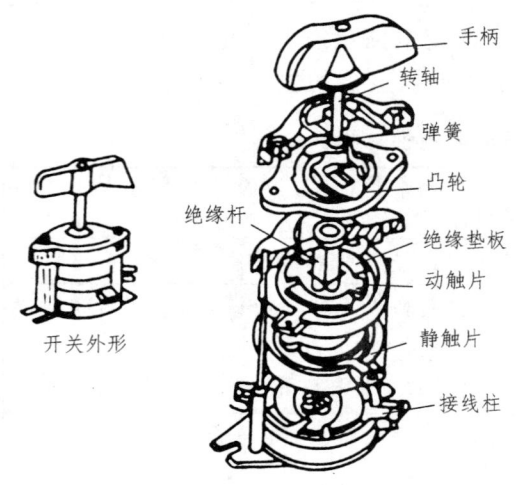 

图 5-3　HZ 系列转换开关　　　　　图 5-4　转换开关实物图

3. 低压断路器

1）低压断路器的用途

低压断路器又称自动空气开关，是一种自动控制电器，兼有保护作用，在控制线路中用作电路的短路、过载和失压保护。低压断路器分为框架式 DW 系列（又称万能式）和塑壳式 DZ 系列（又称装置式）两大类。常用断路器如图 5-5 所示。

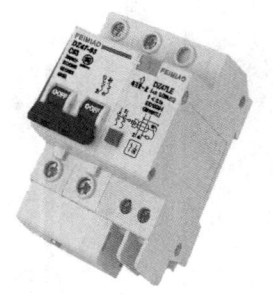   

图 5-5　常用断路器

2）DZ 系列断路器的结构和工作原理

DZ 系列断路器由触头系统、灭弧室、传动机构和脱扣机构几部分组成，如图 5-6 所示。

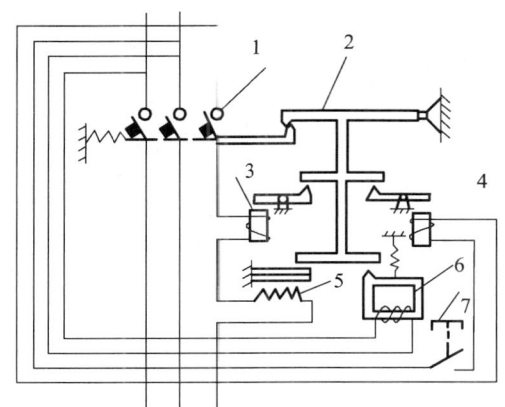

图 5-6　DZ 系列断路器结构图

1—主触头；2—自由脱扣器；3—过电流脱扣器；4—分励脱扣器；
5—热脱扣器；6—失压脱扣器；7—按钮

当操作手柄使开关处在闭合位置时，过流脱扣器的衔铁是释放着的，当电路发生短路或严重过载时，过流脱扣器的线圈因流过大电流而产生较大的电磁吸力，把衔铁往下吸而顶开锁钩，使主触点断开，从而起到过流保护作用。失压脱扣器在正常情况下吸住衔铁，主触点闭合，当电压严重下降或断电时释放衔铁而使主触点断开，从而实现失压保护；当电源电压恢复正常时，断路器必须重新合闸才能工作。

4．接触器

1）交流接触器

（1）交流接触器的结构。

图 5-7 为交流接触器的结构原理图。交流接触器主要由触头系统、电磁系统和灭弧系统三部分组成。

触头系统采用双断点桥式触头结构，一般有三对常开主触头。

电磁系统包括动、静铁芯，吸引线圈和反作用弹簧。

灭弧系统：大容量的接触器（20 A 以上）采用缝隙灭弧罩及灭弧栅片灭弧，小容量接触器采用双断口触头灭弧、电动力灭弧、相间弧板隔弧及陶土灭弧罩灭弧。

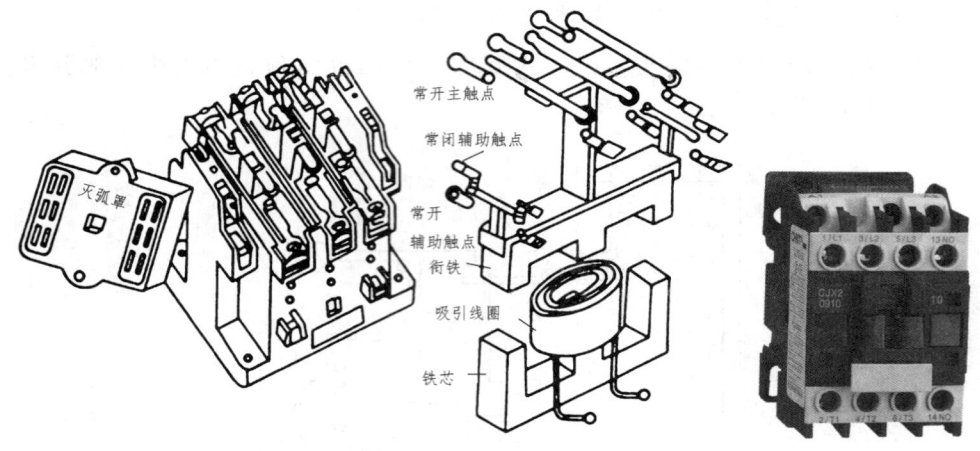

图 5-7 交流接触器的外形与结构

(2) 交流接触器的工作原理。

当吸引线圈两端加上额定电压时,动、静铁芯间产生大于反作用弹簧弹力的电磁吸力,动、静铁芯吸合,带动动铁芯上的触头动作,即常闭触头断开、常开触头闭合;当吸引线圈端电压消失后,电磁吸力消失,触头在反作用弹簧的弹力作用下恢复常态。

(3) 交流接触器常用型号。

我国交流接触器常用型号主要有 CJ10、CJ12、CJXI、CJ20、CJ40 等系列及其派生系列产品。

2) 直流接触器

直流接触器的结构和工作原理与交流接触器基本上相同,只是在电磁系统方面有所不同,由于直流电弧比交流电弧难以熄灭,所以直流接触器常采用磁吹式灭弧装置灭弧。常见直流接触器如图 5-8 所示。

图 5-8 直流接触器

直流接触器主要用于远距离接通和分断直流电路，还用于直流电动机的频繁启动、停止、反转和反接制动。

我国常用的交流接触器主要有 CZ18、CZ21、CZ22、CZ10、CZ2 等系列。

3）接触器的选择

接触器的选择原则如下：

（1）根据电路中负载电流的种类选择接触器的类型。一般直流电路用直流接触器控制，当直流电动机和直流负载容量较小时，也可用交流接触器控制，但触头的额定电流应适当选择大些。

（2）接触器的额定电压应大于或等于负载回路的额定电压。

（3）吸引线圈的额定电压应与所接控制电路的额定电压等级一致。

（4）接触器的额定电流应大于或等于被控主回路的额定电流。应根据负载额定电流、接触器安装条件及电流流经触头的持续情况来选定接触器的额定电流。

接触器的使用类别和典型用途如表 5-3 所示。

表 5-3 接触器的使用类别和典型用途

电流种类	使用类别	典型用途
AC（交流）	AC1	无感或微感负载、电阻炉
	AC2	绕线式电动机的启动和中断
	AC3	笼型电动机的启动和中断
	AC4	笼型电动机的启动、反接制动、反向和点动
DC（直流）	DC1	无感或微感负载、电阻炉
	DC2	并励电动机的启动、反接制动、反向和点动
	DC3	串励电动机的启动、反接制动、反向和点动
	DC4	白炽灯的接通

5．继电器

继电器是一种通过监测各种电量或非电量信号，接通或断开小电流控制电路的电器。它与接触器不同，不能直接用于接通和分断负载电路，而主要用于电动机或线路的保护以及生产过程自动化的控制。常用继电器的分类如表 5-4 所示。

表 5-4 继电器的分类

按动作原理分	电磁式继电器	又可分为：直流继电器和交流继电器；电压继电器、电流继电器、中间继电器和时间继电器
	电子式继电器	
	热效应式继电器	
	气动式继电器	
按动作时间分	时间继电器	
按输入量的物理性质分	电压继电器、电流继电器、速度继电器、温度继电器、时间继电器、压力继电器和热继电器	

1）电磁式继电器

电磁式继电器在电路中主要起控制、放大、联锁、保护和调节的作用。

（1）电磁式电流继电器。

电流继电器的线圈导线粗、匝数少、线圈阻抗小，工作时串联在电路中，根据线圈电流的大小而动作。用于电力拖动系统的电流保护和控制，分为过电流继电器和欠电流继电器。电流继电器的电气符号如图 5-9 所示。实物图如图 5-10、图 5-11 所示。

（a）过电流继电器　　　　　　（b）欠电流继电器

图 5-9 电流继电器的符号

图 5-10 过流电流继电器

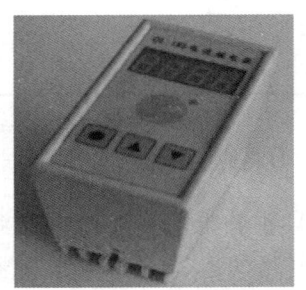

图 5-11 欠流电流继电器

（2）电磁式电压继电器。

电压继电器线圈匝数多、导线细，工作时并联在回路中，根据线圈两端电压的大小接通或断开电路。用于控制系统的电压保护和控制，分为过电压继电器和欠电压继电器。电磁式电压继电器的电气符号如图 5-12 所示，实物图如图 5-13 所示。

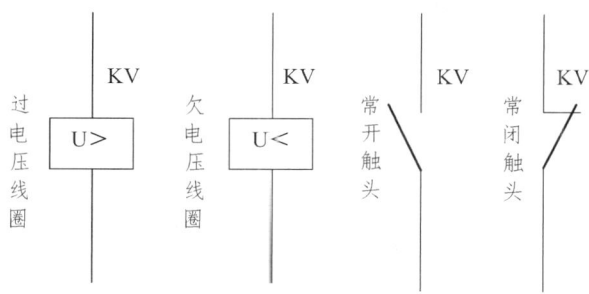

图 5-12　过电压、欠电压继电器符号

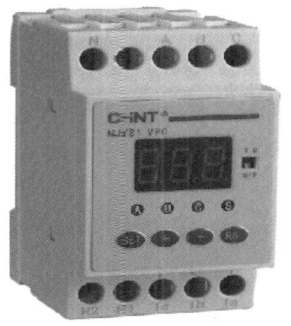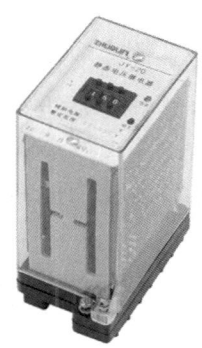

图 5-13　电压继电器

（3）中间继电器。

中间继电器实质上是一种电压继电器，电气符号如图 5-14 所示。中间继电器的特点是触头数目较多（可达 8 对），触头容量较大（5 A 至 10 A），动作灵敏，在各种控制电路中起信号的传递、放大、翻转、分路、隔离和记忆等作用。中间继电器的种类很多，应用最广泛的是电磁式中间继电器。常用的中间继电器如图 5-15 所示。中间继电器的电磁线圈所用电源有直流和交流两种。常用的中间继电器有 JZ7 和 JZ8 两个系列。

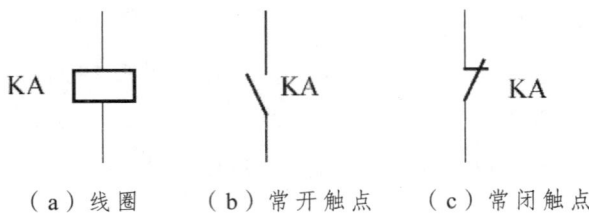

（a）线圈　　（b）常开触点　　（c）常闭触点

图 5-14　中间继电器符号

图 5-15　中间继电器实物图

2）热继电器

（1）热继电器的结构。

热继电器是能跟随过载程度而改变动作时间的电器，即利用电流的热效应来切断电路的保护电器，主要由发热元件、双金属片和触头及动作机构等部分组成。如图 5-16 所示。

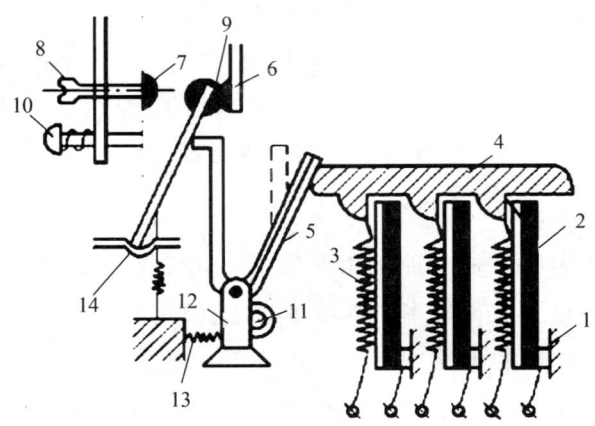

图 5-16　热继电器结构原理图

1—双金属片固定支点；2—双金属片；3—热元件；4—导板；5—补偿双金属片；
6—常闭触点；7—常开触点；8—复位螺钉；9—动触点；10—复位按钮；
11—调节旋钮；12—支撑；13—压簧；14—推杆

（2）热继电器的使用与选择。

热继电器的选择应满足 $I_{eR} \geq I_{ec}$，I_{eR} 为热继电器热元件的额定电流；I_{ed} 为电动机的额定电流。

使用热继电器对电动机进行过载保护时，将热元件与电动机的定子绕组串联，将热继电器常闭触头串联在交流接触器电磁线圈的控制电路中，并调节整定电流调节旋钮，使人字形拨杆与推杆相距一段适当的距离。当电动机正常工作时，通过热元件的电流即为电动机的额定电流，热元件发热，双金属片受热后弯曲，使推杆刚好与人字形拨杆接触。常闭触头处于闭合状态，交流接触器保持吸合，电动机正常运行。若电动机出现过载情况，绕组中电流增大，通过热继电器热元件的电流增大，使双金属片温度升得更高，弯曲程度加大，推动人字形拨杆，人字形拨杆推动常闭触头，使触头断开，从而断开交流接触器线圈电路，使接触器释放、切断电动机的电源，电动机停车而得到保护。

（3）热继电器的分类。

热继电器有多种形式，其中常用的有以下几种：

① 双金属片式：利用双金属片受热弯曲从而推动杠杆使触头动作。

② 热敏电阻式：利用电阻值随温度变化而变化的特性制成的热继电器。

③ 易熔合金式：利用过载电流发热使易熔合金达到某一温度值时熔化，从而使继电器动作。

3）时间继电器

时间继电器是按整定时间长短进行动作的控制电器，用于按照所需时间间隔接通或断开被控制的电路，以协调和控制生产机械的各种动作。时间继电器外形如图 5-17 所示。

图 5-17 时间继电器

时间继电器种类很多,按构成原理分有,电磁式、电动式、空气阻尼式、晶体管式和数字式等;按延时方式分,有通电延时型、断电延时型。

4)速度继电器

速度继电器以速度的大小为信号,与接触器配合,完成笼型电动机的反接制动控制,故亦称为反接制动继电器。速度继电器常用于铣床和镗床的控制电路中。速度继电器的原理图和符号图如图 5-18 所示,实物图如图 5-19 所示。

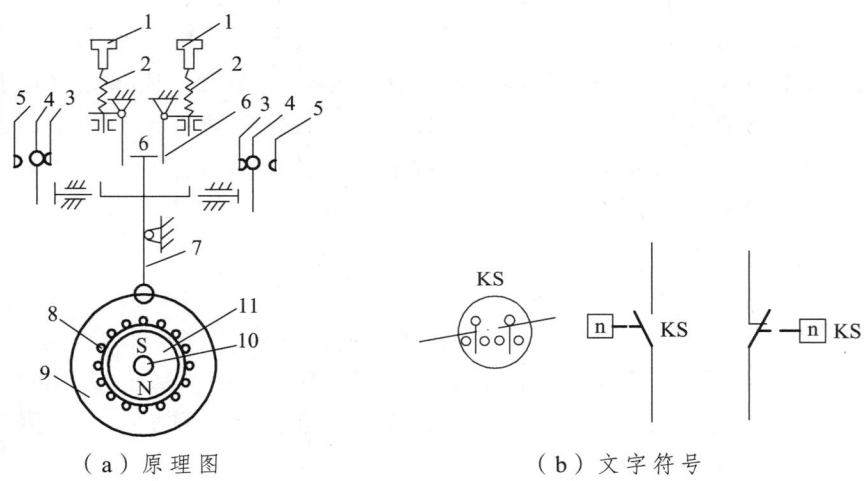

(a)原理图　　　　　　　　　　(b)文字符号

图 5-18　速度继电器原理和符号图

1—螺钉;2—反力弹簧;3—常闭触头;4—动触头;5—常开触头;6—返回杠杆;
7—杠杆;8—定子导体;9—定子;10—转轴;11—转子

图 5-19　速度继电器

6. 熔断器

1)熔断器结构和原理

熔断器由熔体和熔座两部分组成,如图 5-20 所示。熔体是主要部分,既是感测元件又是执行元件，熔座的作用是便于安装熔体和有利于熔体熔断时熄灭电弧。在正常情况下，熔体中通过额定电流时熔体不应该熔断；当电流增大至某值时，熔体经过一段时间后熔断并熄弧，这段时间称为熔断时间。

图 5-20　常用熔断器

2）熔断器的分类

常用的熔断器有瓷插式、螺旋式、有填料密封管式、无填料管式等几种类型，如图 5-21 所示。

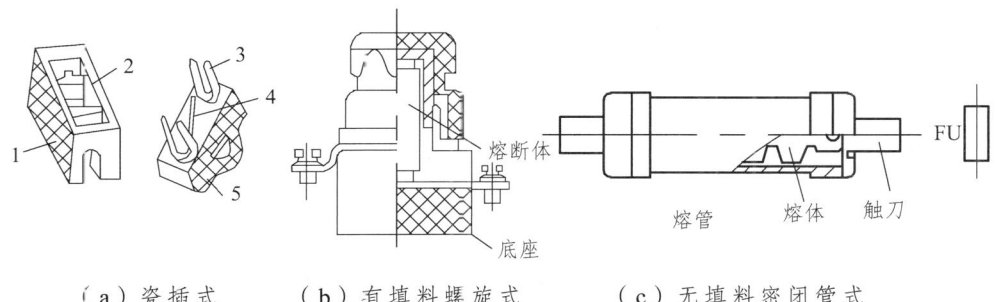

（a）瓷插式　　（b）有填料螺旋式　　（c）无填料密闭管式

图 5-21　常用熔断器结构图

3）熔断器的技术参数

（1）额定电压：熔断器长期工作时和分断后能够承受的电压，一般等于或大于电器设备的额定电压。

（2）额定电流：熔断器长期工作时，温升不超过规定值时所能承受的电流。

（3）极限分断能力：熔断器在额定电压和功率因数（或时间常数）条件下，能分断的最大电流值。在电路中出现的最大电流值一般指短路电流值，因此，极限分断能力也反映了熔断器分断短路电流的能力。

4）熔断器的选择

（1）熔体额定电流的选择。

选择熔体的额定电流时，既要以电路中实际需要的工作电流为依据，又要考虑负荷的性质。具体选用方法如下：

① 对于电炉和照明等负载的短路保护，熔体的额定电流应稍大于线路负载的额定电流，一般可按负荷电流的 1.1~1.5 倍选择。

② 对于单台电动机采用熔断器作短路保护时，熔体的额定电流可按电动机额定电流的 1.5~2.5 倍选择。

③ 多台电动机在同一条线路上采用熔断器作短路保护时，熔体的额定电流应为其中最大容量电动机额定电流的 1.5~2.5 倍再加上其余电动机额定电流的总和。

④ 并联电容器采用熔断器保护时，对于单台并联电容器，熔体的额定电流应为电容器额定电流的 1.5~2.5 倍；对于并联电容器组，熔体的额定电流应为电容器组额定电流的 1.3~1.8 倍。

（2）熔断器的选择。

① 熔断器的额定电压必须大于或等于线路的工作电压。

② 熔断器的额定电流必须大于或等于所装熔体的额定电流。

7．主令电器

1）控制按钮

控制按钮是一种简单电器，不直接控制主电路，而在控制电路发出手动控制信号。其结构原理如图 5-22 所示，由按钮帽、复位弹簧、桥式触头和外壳组成。实物图见图 5-23。

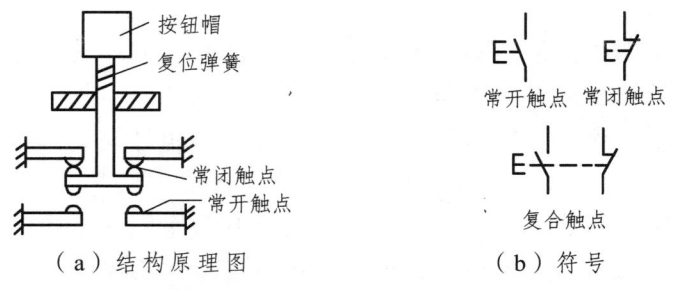

图 5-22 按钮的结构与符号

图 5-23 控制按钮

控制按钮按照按钮的结构形式可分为开启式（K）、保护式（H）、防水式（S）、防腐式（F）、紧急式（J）、钥匙式（Y）、旋钮式（X）和带指示灯（D）式等。

2）位置开关

位置开关又称行程开关或限位开关，它的作用是将机械位移转变为电信号，使电动机运行状态发生改变，即按一定行程自动停车、反转、变速或循环，从而控制机械运动或实现安全保护。位置开关包括：行程开关（如图 5-24）、限位开关、微动开关及由机械部件或机械操作的其他控制开关。

图 5-24 行程开关

位置开关有两种类型：直动式（按钮式）和旋转式。其结构基本相同，由操作头、传动系统、触头系统和外壳组成，主要区别在传动系统。

3）接近开关

无触点行程开关又称接近开关，是当某种物体与之接近到一定距离时就发出"动作"信号的电器，它不需要施以机械力。接近开关的用途已经远远超出一般的行程开关的行程和限位保护，它还可以用于高速计数、测速、液面控制、检测金属体的存在、检测零件尺寸、无触点按钮及用作计算机或可编程控制器的传感器等。接近开关外观如图 5-25 所示。

图 5-25 接近开关

接近开关按工作原理可分为：高频振荡型（检测各种金属）、永磁型及磁敏元件型、电磁感应型、电容型、光电型和超声波型等几种。常用的接近开关是高频振荡型，由振荡、检测、晶闸管等部分组成。

常用的接近开关有 LJ 系列、SQ 系列、CWY 系列和 3SG 系列。3SG 系列为德国西门子公司生产的新型产品。

4）万能转换开关

万能转换开关可同时控制许多条（最多可达 32 条）通断要求不同的电路，而且具有多个挡位，广泛应用于交直流控制电路、信号电路和测量电路，亦可用于小容量电动机的启动、反向和调速控制。万能开关外观如图 5-26 所示。由于其换接的电路多，用途广，故有"万能"之称。万能转换开关以手柄旋转的方式进行操作，操作位置有 2~12 个，分定位式和自动复位式两种。

图 5-26 万能开关

【注意事项】

1. 刀开关的使用注意事项

选择刀开关时应考虑以下两个方面：

（1）选择刀开关结构形式时，应根据刀开关的作用和装置的安装形式，来确定是否选择带灭弧装置的刀开关，若分断负载电流时，应选择带灭弧装置的刀开关。根据装置的安装形式来选择是否是正面、背面或侧面操作形式，是直接操作还是杠杆传动，是板前接线还是板后接线的结构形式。

（2）刀开关的额定电流一般应等于或大于所分断电路中各个负载额定电流的总和。对于电动机负载，应考虑其启动电流，所以应选用额定电流大一级的刀开关。若再考虑电路出现的短路电流，还应选用额定电流更大一级的刀开关。

2. 低压断路器的使用注意事项

（1）根据线路对保护的要求确定断路器的类型和保护形式，确定选用框架式、装置式或限流式等。

（2）断路器的额定电压 U_N 应等于或大于被保护线路的额定电压。

（3）断路器欠压脱扣器额定电压应等于被保护线路的额定电压。

（4）断路器的额定电流及过流脱扣器的额定电流应大于或等于被保护线路的计算电流。

（5）断路器的极限分断能力应大于线路的最大短路电流的有效值。

（6）配电线路中上、下级断路器的保护特性应协调配合，下级的保护特性应位于上级保护特性的下方且不相交。

（7）断路器的长延时脱扣电流应小于导线允许的持续电流。

3. 接触器的使用注意事项

在选择交流接触器时应注意：

（1）选择接触器的型号。

（2）确定接触器的额定电流。

（3）选择接触器电磁线圈的额定电压。

接触器的辅助触点主要用于控制回路，可以用作自锁、互锁、带接触器状态指示灯等。一般情况下，接触器本身带有一个触点，如果在控制线路中自身的触点不够用，则需要添加辅助触头，以达到控制的需要。辅助触点和按钮一样，也有常开（NO）、常闭（NC）两种。常开触点在平时断开，一旦接触器得电吸合，常开触电就导通；而常闭触点正好与常开触点相反。

4. 继电器的使用注意事项

选用时间继电器时应注意：其线圈（或电源）的电流种类和电压等级应与控制电路相同；按控制要求选择延时方式和触点类型；校核触点数量和容量，若不够时，可用中间继电器进行扩展。

5. 熔断器的使用注意事项

熔断器只能起到短路保护作用，不能起过载保护作用。如确需在过载保护中使用，必须降低其使用的额定电流。

【知识巩固】

（1）什么是低压电器，主要种类有哪些？
（2）组合开关有哪些用途？
（3）接触器的使用类别有哪些？
（4）熔断器的选用要求是什么？
（5）电磁继电器的作用是什么？

项目 6 焊接工艺

【学习目标】

（1）了解常用焊接工艺
（2）熟练掌握常用的焊接方法。
（3）掌握整流电路的焊接方法
（4）掌握滤波电路的焊接方法

【实施环境】

电烙铁、焊料、助焊剂、斜口钳、镊子、电烙铁架、二极管、电阻、电容若干。

任务 6.1 常见的几种焊接工艺

【理论知识】

1. 焊接技术概述

焊接技术是通过加热、加压或两者并用，使同性或异性两工件产生原子间结合的加工工艺和联接方式。焊接应用广泛，既可用于金属，也可用于非金属。一个电子装置由若干个电子元件组成，各个电子元件通过焊接联接成为一个完整的电路，焊接技术的优劣直接影响装置的正常运行和质量好坏。

1）电弧焊

电弧焊是目前应用最广泛的焊接方法。它包括手弧焊、埋弧焊、钨极气体保护电弧焊、等离子弧焊、熔化极气体保护焊等。绝大部分电弧焊是以电极与工件之间燃烧的电弧作热源。在形成接头时，可以采用也可以不采用填充金属。所用的电极是在焊接过程中熔化的焊丝时，叫作熔化极电弧焊，诸如手弧焊、埋弧焊、气体保护电弧焊、管状焊丝电弧焊等；所用的电极是在焊接过程中不熔化的碳棒或钨棒时，叫作不熔化极电弧焊，诸如钨极氩弧焊、等离子弧焊等。

2）电阻焊

电阻焊一般是使工件处在一定电极压力作用下，并利用电流通过工件时所产生的电阻热将两工件之间的接触表面熔化而实现连接的焊接方法。是以电阻热为能源的一类焊接方法，包括以熔渣电阻热为能源的电渣焊和以固体电阻热为能源的电阻焊。这里主要介绍几种固体电阻热为能源的电阻焊，主要有点焊、缝焊、凸焊及对焊等。为了防止在接触面上发生电弧并且为了锻压焊缝金属，焊接过程中要始终施加压力。进行这一类电阻焊时，被焊工件的表面对于获得稳定的焊接质量是头等重要的。因此，焊前必须将电极与工件以及工件与工件间的接触表面进行清理。点焊、缝焊和凸焊的特点在于焊接电流（单相）大（几千至几万安培），通电时间短（几周波至几秒），设备昂贵、复杂，生产率高，因此适于大批量生产。主要用于焊接厚度小于 3 mm 的薄板组件。各类钢材、铝、镁等有色金属及其合金、不锈钢等均可焊接。

3）高能束焊

这一类焊接方法包括电子束焊和激光焊。电子束焊是以集中的高速电子束轰击工件表面时所产生的热能进行焊接的方法。电子束焊与电弧焊相比，主要的特点是焊缝熔深大、熔宽小、焊缝金属纯度高，电子束焊主要用于要求高质量的产品的焊接，还能解决异种金属、易氧化金属及难熔金属的焊接，但不适于大批量产品。

激光焊是利用大功率相干单色光子流聚焦而成的激光束为热源进行的焊接。激光焊的优点是不需要在真空中进行，缺点则是穿透力不如电子束焊强。激光焊时能进行精确的能量控制，因而可以实现精密微型器件的焊接。它能应用于很多金属，特别是能解决一些难焊金属及异种金属的焊接。

4）钎　焊

钎焊的能源可以是化学反应热，也可以是间接热能。它是利用熔点比被焊材料的熔点低的金属作钎料，经过加热使钎料熔化，靠毛细管作用将钎料吸入到接头接触面的间隙内，润湿被焊金属表面，使液相与固相之间相互扩散而形成钎焊接头。钎焊可以用于焊接碳钢、不锈钢、高温合金、铝、铜等金属材料，还可以联接异种金属、金属与非金属。钎焊适于焊接受载不大或常温下工作的接头，对于精密的、微型的以及复杂的多钎缝的焊件尤其适用。

5）其他焊接方法

其他焊接方法还有以电阻热为能源的电渣焊、高频焊；以化学能为焊接能源的气焊、气压焊、爆炸焊；以机械能为焊接能源的摩擦焊、冷压焊、超声波焊、扩散焊。这些焊接方法属于不同程度的专门化的焊接方法，其适用范围较窄。

2．焊接工具和材料

常用的焊接工具和材料包括：电烙铁、焊料、助焊剂、斜口钳、镊子、电烙铁架、印制板、元器件、导线等。

1）电烙铁

电烙铁是焊接电子元器件的重要工具，其性能好坏直接影响着焊接的质量。电烙铁从结构上分为外热式和内热式两种，常用的有 75 W、45 W、25 W、20 W 等。选择电烙铁时，要根据焊接任务的不同，选用不同功率的电烙铁。一般焊接半导体元器件选用 20 W 电烙铁即可。电烙铁的使用如图 6-1 所示。

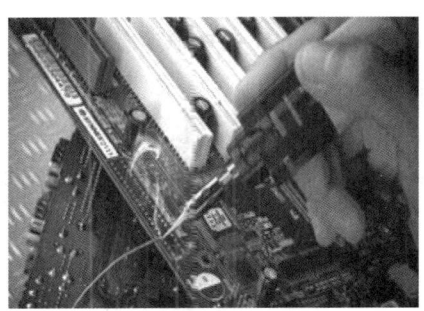

图 6-1　电烙铁的使用图示

新的电烙铁使用前要进行"上锡"。首先将烙铁头锉干净,然后把电烙铁通电加热,预热一会儿后将烙铁头粘上松香,再用烙铁头将焊锡丝熔化,使烙铁头上镀上一层薄薄的锡,防止电烙铁长时间加热氧化而使烙铁头被"烧死",不再"吃锡"。

注意:电烙铁在不使用时一定要放置在烙铁架上,如图6-2所示。

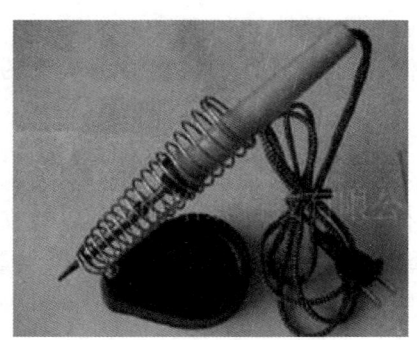

图 6-2 电烙铁放置图

2)焊　料

焊料是一种易熔金属,能使元器件引线与印制电路板的连接点连接在一起。焊料熔点应比被焊物熔点低很多,否则容易和被焊物连在一起。

锡(Sn)是一种质地柔软、延展性大的银白色金属,熔点为232 ℃,在常温下化学性能稳定,不易氧化,不失金属光泽,抗大气腐蚀能力强。铅(Pb)是一种较软的浅青白色金属,熔点为327 ℃,高纯度的铅耐大气腐蚀能力强,化学稳定性好,但对人体有害。锡中加入一定比例的铅和少量其他金属可制成焊料,称为焊锡。焊锡具有熔点低、流动性好、对元件和导线的附着能力强、机械强度高、导电性好、不易氧化、抗腐蚀性好、焊点光亮美观的特点。

焊锡按含锡量的多少可分为15种,按含锡量和杂质的化学成分分为S、A、B三个等级。焊接电子元件,一般采用有松香芯的丝状焊锡丝。这种焊锡丝熔点较低,而且内含松香助焊剂,使用方便。一般的电子元件用的焊料是锡铅比例为3∶2的焊锡,其熔点仅为180 ℃左右,用25~30 W的电烙铁就可以熔化。

3)助焊剂

助焊剂一般用松香(固态)或松香水(松香加酒精做的液态助燃剂)。

作用如下所列：

（1）去除焊件表面的氧化物；

（2）加热时防氧化；

（3）帮助焊料流动，减少表面张力；

（4）使焊点美观，提高焊接质量。

4）辅助工具

为了方便焊接操作采用尖嘴钳、偏口钳、镊子和小刀等作为辅助工具。应正确使用这些工具。

【实施步骤及方法】

手工电弧焊接操作的基本步骤如下：

1. 准备工作

焊接表面进行可焊性处理：温度要高，待镀面要干净，要使用助焊剂，要注意镀锡方式。

2. 五部焊接法

正确的焊接方法是五步焊接法：准备施焊、加热焊件、加焊锡、去焊锡和去烙铁，如图6-3所示。焊接的手法为左手食指中指夹住焊锡丝，右手拿住电烙铁，烙铁头随着锡丝走。

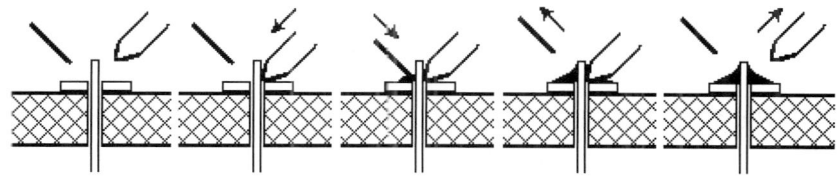

1 准备施焊　2 加热焊件　3 加焊锡　4 去焊锡　5 去烙铁

图6-3　五步焊接法

（1）准备施焊：准备好焊锡丝，预热好电烙铁。

（2）加热焊件：将烙铁头接触焊接点，使被焊引线和焊盘加热。

（3）加焊锡：电烙铁与水平面大约呈60 °C角，以便于熔化的锡从烙铁头上流到焊点上。焊件的焊接面被加热到一定温度时，焊锡丝从烙铁对面接触焊件。烙铁头在焊点处停留的时间控制在 2~3 s。注意：不要把焊锡丝送到烙铁头上。

（4）去焊锡：当熔化一定量的焊锡后，立即向左上 45°方向将焊锡丝移开。

（5）去烙铁：当焊锡完全湿润焊点后，朝大约 45°方向迅速移开电烙。

【注意事项】

1. 焊接注意事项

1）对焊件要先进行表面处理

一般焊件表面都被氧化，需要表面处理，去除表面污迹、氧化膜等。可采用机械刮磨或酒精清洗等方法进行表面处理。

2）对元件引脚进行镀锡

对导线、引脚的焊接部位要进行焊锡润滑，也称上锡。

3）焊料量的控制

焊点的焊锡量要适量，不可过多或过少，如图 6-4 所示。

图 6-4　焊料量的控制

4）焊点的质量

（1）焊点要有足够的机械强度，保证被焊件在受震动或冲击时不致脱落、松动。不能用过多焊料堆积，这样容易造成虚焊、焊点与焊点的短路。

（2）焊接可靠，具有良好导电性，必须防止虚焊。虚焊是指焊料与被焊件表面没有形成合金结构，只是简单地依附在被焊金属表面上。

（3）焊点表面要光滑、清洁，焊点表面应有良好光泽，不应有毛刺、空隙、污垢，尤其是不应有焊剂的有害残留物。电路板焊接实例如图 6-5 所示，焊点展示如图 6-6 所示。

图 6-5 电路板的焊接

图 6-6 电路板焊点展示

2. 电焊工安全操作注意事项

（1）接拆电焊机电源线或电焊机发生故障时，应会同电工一起进行修理，严防触电事故。

（2）接地线要牢靠安全，不准用脚手架、钢丝缆绳、机床等作接地线。

（3）在靠近易燃地方焊接，要有严格的防火措施，必要时须经安全员同意方可工作。焊接完毕应认真检查确无火源，才能离开工作场地。

（4）焊接密封容器、管子时，应先开好放气孔。修补已装过油的容器时，应先将其清洗干净并打开孔盖或放气孔后才能进行焊接。

（5）在已使用过的罐体上进行焊接作业时，必须查明是否有易燃、易爆气体或物料，严禁在未查明之前动火焊接。焊钳、电焊线应经常检查、保养，发现有损坏应及时修好或更换，焊接过程发现短路现象应先关好焊机，再寻找短路原因，防止焊机烧坏。

（6）焊接吊码、加强脚手架和重要结构应有足够的强度，并敲去焊渣认真检查是否安全、可靠。

（7）在容器内焊接，应注意通风，把有害烟尘排出，以防中毒。在狭小容器内焊接应有 2 人，以防触电等事故。

（8）容器内油漆未干，有可燃体散发时，不准施焊。

【知识巩固】

（1）在焊接前应首先做好哪些准备工作？

（2）常用的五步焊接法的步骤是什么？

任务6.2 整流电路的焊接

【理论知识】

1. 单相半波整流电路

单相半波整流电路如图 6-7 所示,整流后的电压波形如图 6-8 所示,在 u_2 的一个周期内,因二极管的单向导电性,负载电阻 R_L 上得到的是半个周期的整流输出电压 u_o,故称为半波整流电路。

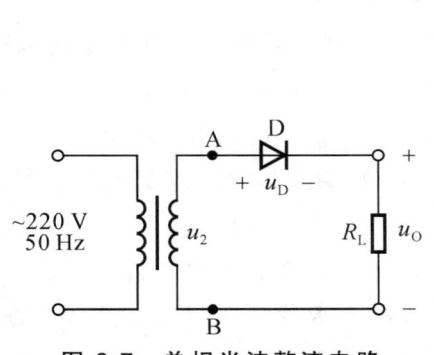

图 6-7 单相半波整流电路

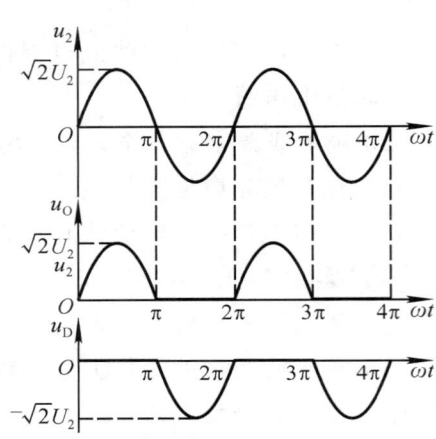

图 6-8 单相半波整流电路电压波形

单相半波整流电路输出电压的平均值为:

$$U_o = \frac{1}{2\pi}\int_0^\pi \sqrt{2}U_2 \sin\omega t \, d(\omega t) = \frac{\sqrt{2}U_2}{\pi} \approx 0.45U_2$$

单相半波整流电路输出电流的平均值为:

$$I_o = \frac{U_o}{R_L} = \frac{0.45U_2}{R_L}$$

2. 单相桥式整流电路

单相桥式整流电路如图 6-9 所示,单相桥式整流电压、电流波形如图

6-10 所示，在 u_2 的一个周期内，4 只二极管分两组轮流导通或截止，在负载 R_L 上得到单方向全波脉动直流电压 u_o 和电流 i_o，其优点是输出电压脉动小、输出电压高、电源变压器利用率高。

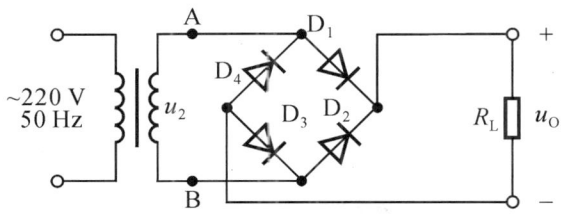

图 6-9 单相桥式整流电路

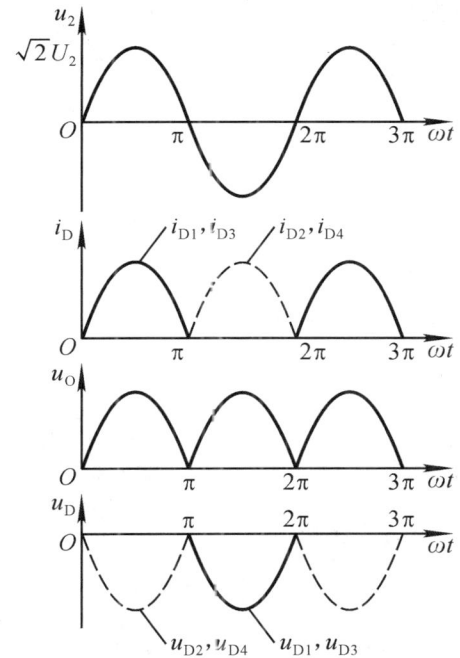

图 6-10 单相桥式整流电压电流波形

单相桥式整流电路输出电压平均值为：

$$U_o = 2\frac{\sqrt{2}U_2}{\pi} \approx 0.9U_2$$

单相桥式整流电路输出电流平均值为：

$$I_o = \frac{U_o}{R_L} = \frac{0.9U_2}{R_L}$$

【实施步骤及方法】

1. 电路焊接的准备工作

(1) 准备电路焊接工具材料, 如图 6-11 所示。

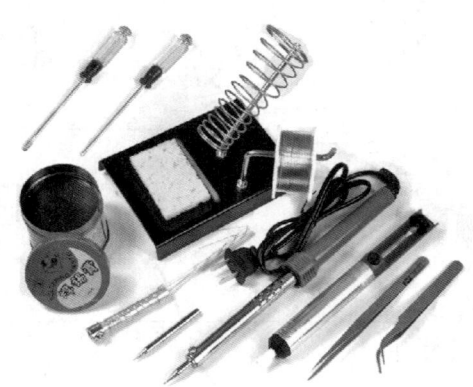

图 6-11　电路焊接工具材料

(2) 根据电路图和练习板的焊点设计元器件的分布。

(3) 元器件的插装顺序: 先低后高, 先小后大, 先轻后重。电路板插装如图 6-12 所示。

图 6-12　电路板插装展示

(4) 插装元器件时, 标识和色码部位应朝上, 以便于辨认, 横向插件数值读法应从左至右, 竖向插件数值读法应从下至上。元器件间距不能小于 1 mm; 引线间距要大于 2 mm。除了一些发热量大的元器件或需要垂直安装的元器件，一般元器件要求紧密安装。元器件的卧式插装和立式插装示意图如图6-13所示。

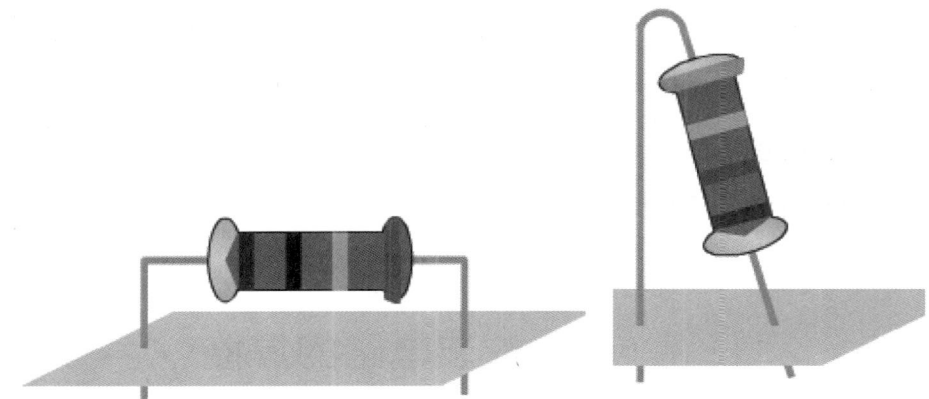

图6-13　元器件的卧式插装和立式插装示意图

2. 焊接电路的方法及步骤

（1）加热电烙铁，由电路的中心部件进行延展焊接。电路板焊接举例如图6-14所示。

图6-14　电路板焊接举例

（2）焊接完毕，检查各个焊点是否牢固，断开电烙铁电源。

【任务实施注意事项】

（1）工作前应认真检查工具、设备是否完好，焊机的外壳是否可靠地接地。焊机的修理应由电气保养人员进行，其他人员不得拆修。

（2）工作前应认真检查工作环境，确认为正常方可开始工作，施工前穿戴好劳动保护用品，戴好安全帽。高空作业要戴好安全带。敲焊渣、磨砂轮时要戴好平光眼镜。

（3）工作完毕，必须断掉龙头线接头，检查现场，灭绝火种，切断电源。

（4）注意二极管、电解电容、集成电路的极性。

【知识巩固】

电路排布时元器件及导线的间距要求是多少？

任务 6.3　滤波电路的焊接

【理论知识】

1．电容滤波电路

单相桥式整流电容滤波电路如图 6-15，电压波形如图 6-16 所示。

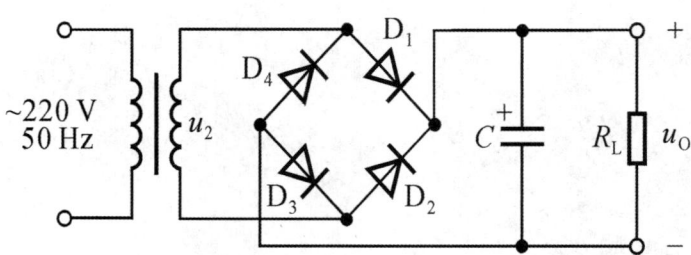

图 6-15　单相桥式整流电容滤波电路

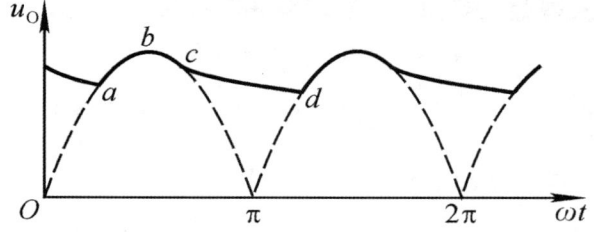

图 6-16　单相桥式整流电容滤波电路电压波形

当 $|u_2| > u_C$ 时，有一对二极管导通，对电容充电，$\tau_{充电}$ 非常小。

当 $|u_2| < u_C$ 时，所有二极管均截止，电容通过 R_L 放电，$\tau_{放电} = R_L C$。

当 $R_L C = (3 \sim 5) \dfrac{T}{2}$ 时，输出电压的平均值为：

$$U_{O(AV)} \approx 1.2 U_2$$

2．电感滤波电路

电感滤波电路如图 6-17 所示，当回路电流减小时，感生电动势的方向为阻止电流的减小，从而增大二极管的导通角。电感对直流分量的电抗为线圈电阻，对交流分量的感抗为 ωL。电感滤波电路适于大电流负载。

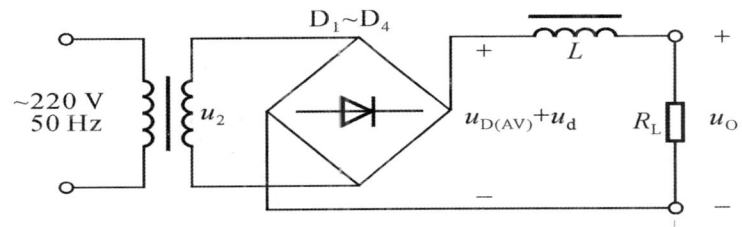

图 6-17　电感滤波电路原理图

电感滤波电路输出电压的交流分量为：

$$u_{O(AC)} = \dfrac{R_L}{\sqrt{R_L^2 + (\omega L)^2}} \cdot u_d \approx \dfrac{R_L}{\omega L} \cdot u_d$$

电感滤波电路输出电压的直流分量为：

$$U_{O(AV)} = \dfrac{R_L}{R + R_L} \cdot U_{D(AV)} \approx \dfrac{R_L}{R + R_L} \times 0.9 U_2$$

【任务实施步骤及方法】

（1）根据电路图和练习板的焊点设计元器件的分布。

（2）加热电烙铁，由电路的中心部件进行延展焊接。电路板焊接顺序举例如图 6-18 ~ 图 6-20 所示。

（3）焊接完毕，检查各个焊点是否牢固，断开电烙铁电源。

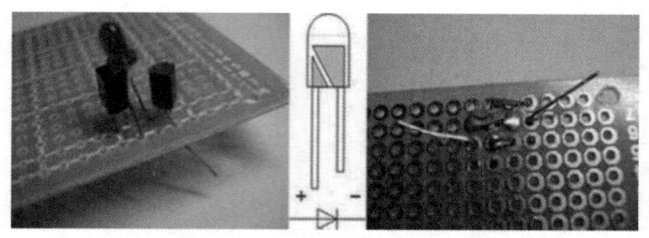

图 6-18　电路板焊接顺序举例：晶体管

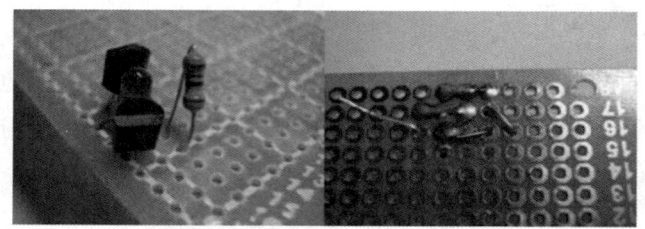

图 6-19　电路板焊接顺序举例：晶体管和电阻

图 6-20　电路板焊接顺序举例：晶体管、电阻和电容

【任务实施注意事项】

（1）工作前应认真检查工具、设备是否完好，焊机的外壳是否可靠地接地。焊机的修理应由电气保养人员进行，其他人员不得拆修。

（2）工作前应认真检查工作环境，确认为正常方可开始工作，施工前穿戴好劳动保护用品，戴好安全帽。高空作业要戴好安全带。敲焊渣、磨砂轮时要戴好平光眼镜。

（3）工作完毕，必须断掉龙头线接头，检查现场，灭绝火种，切断电源。

（4）检查电路板是否有漏焊、虚焊的地方，用万用表电阻挡检查是否有短路，如有，则要重新焊接。

【任务知识巩固】

（1）如何避免虚焊？

（2）对焊接电路板上的元器件及导线排布有哪些要求？

项目 7 单相可控调压电路的安装、调试和故障检测

【学习目标】

（1）熟练掌握单相可控调压电路的工作原理。
（2）掌握单相可控调压电路的安装、调试和故障检测的方法及步骤。

【实施环境】

（1）仪器仪表及常用工具：万用表、示波器、尖嘴钳、斜口钳、电烙铁、镊子、螺丝刀等。
（2）材料单见表 7.1。

表 7.1 材料单

序号	符号	名称	规格与型号	件数
1	S	单刀单掷	S1	2
2	V10	单结晶体管	BT33	1
3	R2	电位器	100 kΩ	1
4	C	电容器	0.1 μF	1
5	R1	电阻	1.2 kΩ	1
6	R3	电阻	5.1 kΩ	1
7	R4	电阻	330 Ω	1
8	R5	电阻	100 Ω	1
9	R6	电阻	47 Ω	1
10	R7	电阻	47 Ω	1
11	D1、D2、	二极管	2CZ11D	2
12	D4	二极管	2CP12	4
13	VD1-VD2	晶闸管	KP1-4	2

续表 7.1

序号	符号	名称	规格与型号	件数
14	D3	稳压二极管	2CW64	1
15	T1	变压器	220 V/36 V	1
16	H	指示灯	25 W/220 V	1
17	FU1-FU2	熔断器	0.5 A	2

任务 7.1 单相可控调压电路的安装

【理论知识】

单相可控调压电路的工作原理如图 7-1 所示。

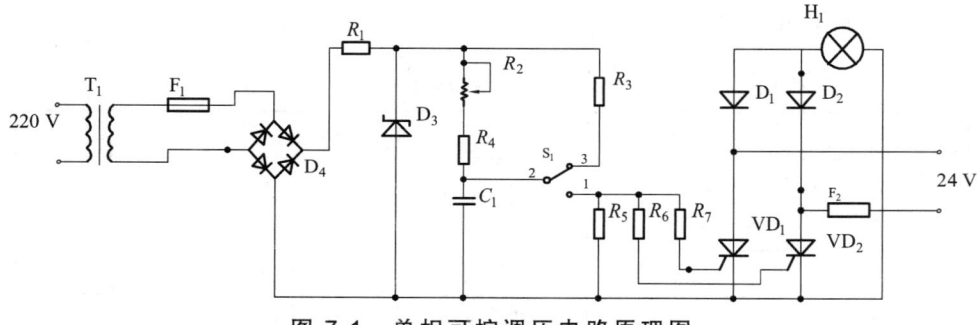

图 7-1 单相可控调压电路原理图

电路由控制电路和主电路两部分构成。

控制电路由单结晶闸管触发电路构成。D_4 为整流部分，R_1、D_3 为稳压部分，R_2、R_4、C_1、R_3、R_5、S_1 为振荡部分，其作用是为 VD_1、VD_2 的门极提供触发脉冲电压。调节电位器 R_2 的大小，可以改变触发脉冲的相位。

单相可控调压电路的主电路由二极管 D_1、D_2，晶闸管 VD_1、VD_2 构成单相半控桥式整流电路，其输出的可调电压作为灯泡 H_1 的电源。改变 VD_1、VD_2 门极脉冲电压的相位，即改变 VD_1、VD_2 控制角的大小，便可改变输出直流电压的大小，进而改变灯泡 H_1 的亮度。

【任务实施步骤及方法】

安装单相可控调压电路的步骤及方法如下：

(1) 备齐及检测元件。

根据材料单对元器件进行检测，判别元器件的极性及好坏。

(2) 安装线路。

根据电路图合理安装元件，确定安装位置和走线并做好元件和走线标记。

清除引脚、连接导线的氧化层并搪锡。

安装元件，确认无误后焊接。

要求接线规范，布线美观，横平竖直，接线牢固，无虚焊，焊点符合要求。组装好的电路板如图 7-2 所示，其焊接面如图 7-3 所示。

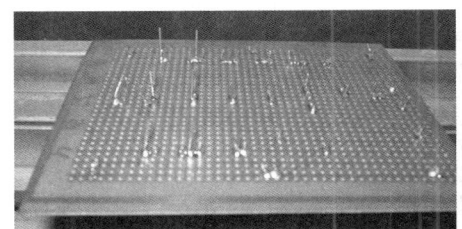
图 7-2　组装好的电路板

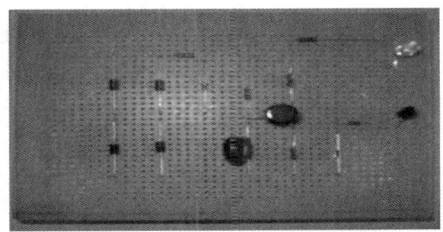
图 7-3　晶闸管调光电路的焊接面

【任务实施注意事项】

(1) 仔细检查主电路与控制电路接线是否正确，特别要注意晶闸管的控制极不要与其他部分发生短路。

(2) 安装时要注意安全操作。

【任务知识巩固】

单相可控调压电路的安装要求有哪些？

任务 7.2　单相可控调压电路的调试

【任务实施步骤及方法】

单相可控调压电路安装完毕，经检查确认电路无误后，接通电源进行调试。先调试控制电路,然后调试主电路。

1. 控制电路的调试步骤

在控制电路上接通电源后,先用示波器观察稳压管两端的波形,应为梯形波;再观察电容器两端的波形,应为锯齿波;然后调节电位器 R_2,锯齿波的频率应有均匀的变化。

注意:如果不符合上述波形,要检查原因,重新调试直至正常。

2. 主电路的调试步骤

给主电路加 24 V 电压,用示波器观察晶闸管阳极、阴极之间的电压波形。波形上有一部分是一条平线,它是晶闸管导通部分。调节电位器 R_2,波形中平线的长度随之变化,表示晶闸管导通角可调,电路工作正常。否则,应检查原因,排查故障,重新调试。

【任务实施注意事项】

调试前认真、仔细检查各元件安装情况。最后接上指示灯,进行调试。由于电路直接与 220 V 电源相连接,所以调试时应注意安全,防止触电。

【任务知识巩固】

电路安装完毕后,调试前,应先进行哪些工作?

任务 7.3　单相可控调压电路的故障检测

【任务实施步骤及方法】

单相可控调压电路的故障检测步骤及方法如下:

(1)接通电源后,熔断器立即烧断,该现象可能是变压器一次侧或二次侧绕组短路,也可能是晶闸管及二极管短路。因此,先检查元件是否短路。

(2)整流输出电压为零。原因可能是二极管 D_1、D_2 这两只元件已断路;或者 VD_1、VD_2 这两只元件已损坏。

（3）晶闸管 VD_1、VD_2 不导通。可用示波器检查稳压管两端有没有梯形波，幅度是否够高；查电容器两端是否有锯齿波，其波形是否能通过调节移动；再检查晶闸管 VD_1、VD_2 的控制极与阴极之间有没有可移动的脉冲，幅度是否够大。若一切都正常，但 VD_1、VD_2 仍然不通，则这两个管损坏了。

【任务实施注意事项】

（1）带开关电位器用螺母固定在印制电路板的孔上，电位器接线脚用导线连接到印制电路板的所在位置。

（2）灯泡安装在灯头插座上，灯头插座固定在印制电路板上。根据灯头插座的尺寸，在印制电路板上钻固定孔和导线串接孔。

（3）印制电路板四周用四个螺母固定、支撑。

（4）电位器顺时针旋转时，指示灯逐渐变暗，可能是电位器中心抽头接错位置。

（5）如果调节电位器 R_2 至最小时，指示灯突然熄灭，则应适当增大电阻 R_3 的阻值。

【任务知识巩固】

能否用双向晶闸管进行交流谳压控制灯光的亮暗？

项目 8　导线的加工工艺

【学习目标】

（1）了解导线的分类和应用。
（2）掌握各种导线的加工方法。

【实施环境】

斜口钳、剥线钳、尖口钳、钢直尺、电工刀、各种相关导线等。

【理论知识】

1．导线的分类和应用

导线分为两大类，即电磁线和电力线。电磁线用来制作各种绕组，如制作变压器、电动机和电磁铁中的绕组。电力线则用来将各种电路连接成通路。

电磁线按绝缘材料分，有漆包线、丝包线、丝漆包线、纸包线、玻璃纤维包线和纱包线等；按截面的几何形状分，有圆形和矩形两种；按导线线芯的材料分，有铜芯和铝芯两种。常见电磁线如图 8-1 所示：

图 8-1　常见电磁线实物图

电力线分为绝缘导线和裸导线两大类。

绝缘导线种类很多，常用的有塑料硬线、塑料软线、塑料护套线、橡皮线、棉线编织橡皮软线（即花线）、橡套软线和铅包线，以及各种电缆等。如图 8-2 所示。

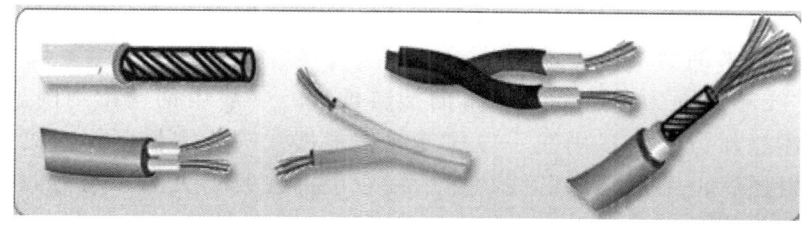

图 8-2　绝缘导线

常用的裸导线有铝绞线和钢芯铝绞线两种。钢芯铝绞线的强度较高，多用于电压较高或挡距较大的线路上。低压线路一般多采用铝绞线。裸导线如图 8-3 所示。

图 8-3　裸导线

2．绝缘层的剖削

导线连接前，只有把导线端头的绝缘层彻底清除干净，才能保证线头与线头之间有良好的电接触。电工必须学会用电工刀或钢丝钳来剖削绝缘层。各种类型的导线剖削方法有所不同。

1）电磁线绝缘层的剖削

（1）漆包线：直径为 0.1 mm 以上的线头，可用细沙纸擦去漆层；直径在 0.6 mm 以上的线头，可用电工刀刮削漆层；直径在 0.1 mm 以下的线头，也可用细纱纸擦除，但细芯易于折断，要细心留意。

（2）丝包线：线径较小时，把丝包层向后推缩露出线芯。线径较大时，松散部分丝包层，向后推缩露出线芯，然后用细沙纸擦去线芯的氧化层。

（3）纸包线：剥除纸包层，露出一定长度的线芯，然后左手拉紧导线，用绝缘清漆或酒精液将纸层粘牢，以防继续松散，再用细砂纸擦去线芯表面的氧化层。

2）电力线绝缘层的剖削

（1）塑料硬线绝缘层的剖削。

剖削塑料硬线的绝缘层，用剥线钳最方便，但电工人员必须会用电工刀或钢丝钳来剖削。

① 线芯截面为 4 mm² 及以下的塑料硬线，一般用钢丝钳剖削。

具体操作方法为：用左手捏住导线，根据线头所需长度，用钳头刀口轻切塑料层，但不可切入芯线，然后用右手握住钳子头部，用力向外勒去塑料层。右手握住钢丝钳时，用力要适当，避免伤及线芯。如图8-4所示。

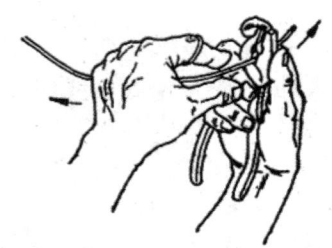

图 8-4　钢丝钳剥离塑料绝缘层

② 线芯截面大于 4 mm² 的塑料硬线，可用电工刀来剖削绝缘层。

具体操作方法为：根据所需的线端长度，用电工刀以 45°倾斜角切入塑料绝缘层，注意掌握刀口位置，使之刚好削透绝缘层而又不伤及线芯，接着刀面与芯线保持 15°角左右，用力向线端推削出一条缺口，然后把未削去的绝缘层剥离线芯，向后扳转，再用电工刀切齐。如图8-5所示。

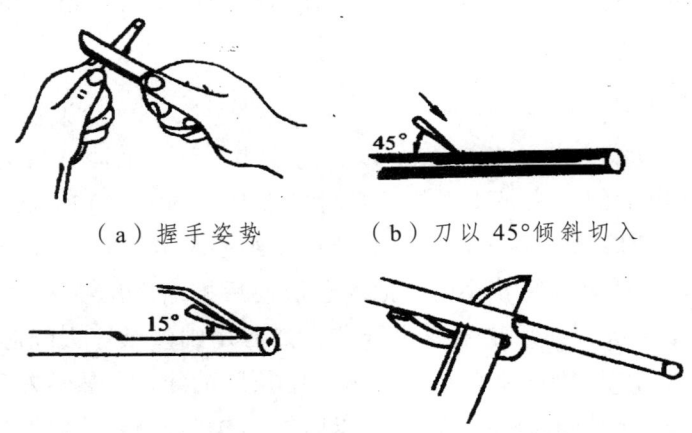

（a）握手姿势　　（b）刀以 45°倾斜切入

（c）刀以 15°倾斜推削　　（d）扳转塑料层并在根部切去

图 8-5　电工刀剥离塑料硬线绝缘层

（2）塑料软线绝缘层的剖削。

塑料软线的绝缘层只能用剥线钳或钢丝钳来剖削，不可用电工刀剖削。因为塑料软线太软，线芯又是多股的，用电工刀很容易切断线芯。具体方法如同剖削芯线截面为 4 mm^2 及以下的塑料硬线。

（3）塑料护套线绝缘层的剖削。

塑料护套线绝缘层分为外层的公共护套层和内部每根芯线的绝缘层。护套层用电工刀来剥离，如图 8-6 所示。根据所需长度用刀尖在线芯缝隙间划开护套层，将护套层向后扳翻，用电工刀齐根切齐。护套层被切去以后，露出每根芯线的绝缘层，其剖削方法与塑料线绝缘层的剖削方法相同，但要求绝缘层的切口与护套层的切口之间，留有 5～10 mm 的距离。

图 8-6　塑料护套线绝缘层的剖削

（4）花线绝缘层的剖削。

花线的绝缘层分外层和内层，外层是一层柔韧的棉纱编织层。剖削时，在线头所需长度处用电工刀把外层的棉纱编织层切割一圈拉去。距棉纱织物保护层 10 mm 处，用钢丝钳刀口切割橡胶绝缘层，不能损伤芯线，然后右手握住钳头，左手把花线用力抽拉，钳口勒出橡胶绝缘层；最后露出棉纱层，把棉纱层松散开来，用电工刀割断。如图 8-7 所示。

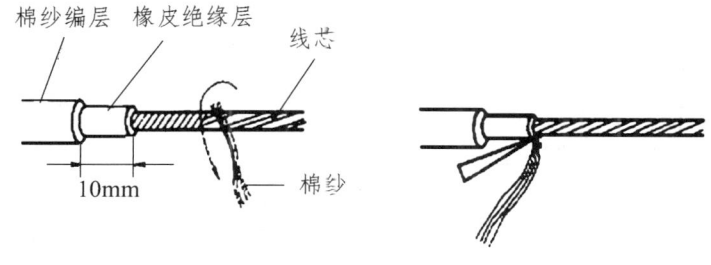

（a）取除编织层和橡皮绝缘层　　（b）扳翻棉纱

图 8-7　花线绝缘层的剖削

3. 导线的连接

1) 电磁线的连接

电机、变压器绕组用电磁线绕制，无论是重绕还是维修，都要进行导线的连接。

绕组接头的连接方法如下：

（1）直径在 2 mm 以下的圆导线的接头，通常是先绞接再钎焊。绞接要均匀，两根线头至少要互绕 10 圈，两端要封口，不可留下毛刺，导线的绞接方法如图 8-8 所示。绞接完毕，再进行钎焊，钎焊时要使锡液充分渗入绞接处的缝隙中。

（2）直径大于 2 mm 的圆导线的接头，多用套管套接后再钎焊的方法。套管用镀过锡的薄铜皮卷成，在接缝处留有缝隙，以便注入锡液，套管内径要与线头大小配合好，套管长度一般取为导线直径的 8 倍左右，如图 8-8（c）所示。连接时，先把两个去除了绝缘层的线端相对插入套管，使两个线头的端部对接在套管中间位置，然后再进行钎焊，钎焊时要使锡液从套管侧缝充分注入套管内部，充满中间缝隙和套管两端与导线连接处，从而把线头和套管铸成整体。

（a）较小截面积的绞接　（b）较大截面积的绞接（c）接头的连接套管

图 8-8　绕组内部端头连接方法

（2）截面积在 25 mm² 以下的矩形电磁线，通常也可用套管连接，方法如前所述。

2) 电力线的连接

（1）铜芯导线的连接。

常用电力线的线芯有单股、7 股和 19 股多种，线芯股数不同，连接方法也不同。当导线不够长或分接支路时，就要将导线与导线连接。

① 单股铜芯导线的直接连接：先把两线端 X 形相交，如图 8-9（a）所示；再互相绞合 2～3 圈，如图 8-9（b）所示；然后扳直两线端，将每线端在线芯上紧贴并绕 6 圈，如图 8-9（c）、（d）所示。多余的线端剪去，并钳平切口毛刺。

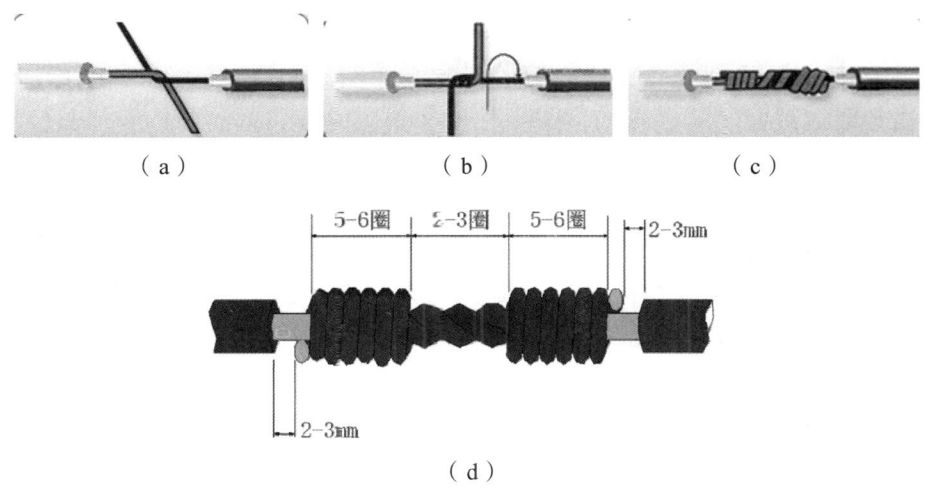

图 8-9 单股铜芯导线直接连接

② 单股铜芯导线的 T 字分支连接：连接时要把支线芯线头与干线芯线十字相交，使支线芯线根部留出约 3～5 mm；较小截面芯线按图 8-10 所示的方法，环绕成结状，再把支线线头抽紧扳直，然后紧密地并缠 5～6 圈，剪去多余芯线，钳平切口毛刺。较大截面的芯线绕成结状后不易平服，可在十字相交后直接并缠 8 圈，但并缠时必须十分的紧密牢固。

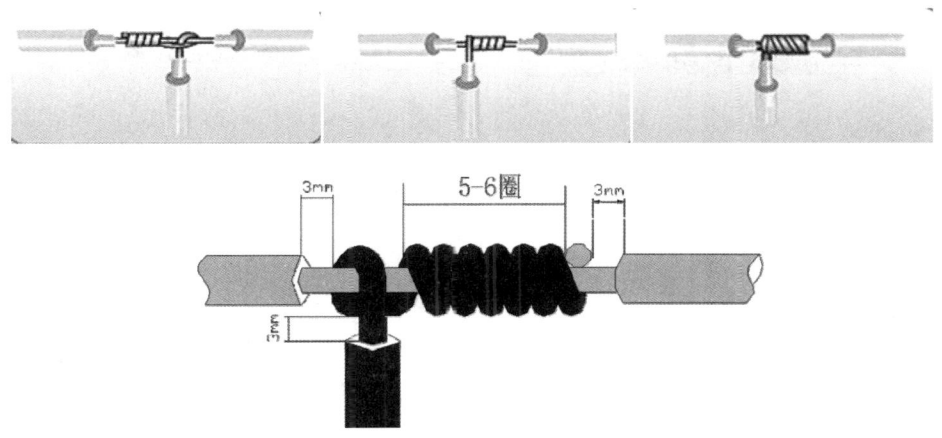

图 8-10 单股铜芯导线 T 字分支连接

③ 7 股铜芯导线的直接连接，按下列步骤进行：

a. 先将剖去绝缘层的芯线头拉直，接着把芯线头全长的 1/3 根部进一步绞紧，然后把余下的 2/3 根部的芯线头，按如图 8-11（a）所示方法，分散成伞骨状，并将每股芯线拉直。

b．把两导线的伞骨状线头隔股对叉，如图 8-11（b）所示，然后捏平两端每股芯线。

c．先把一端的 7 股芯线按 2、2、3 股分成三组，接着把第一组股芯线扳起，垂直于芯线，如图 8-11（c）所示；然后按顺时针方向紧贴并缠两圈，再扳成与芯线平行的直角，如图 8-11（d）所示。

d．按照上一步骤相同方法继续紧缠第二和第三组芯线，但在后一组芯线扳起时，应把扳起的芯线紧贴前一组芯线已弯成直角的根部，如图 8-11（e）（f）所示。第三组芯线应紧缠三圈，如图 8-11（g）所示。每组多余的芯线端应剪去，并钳平切口毛刺。导线的另一端连接方法相同。

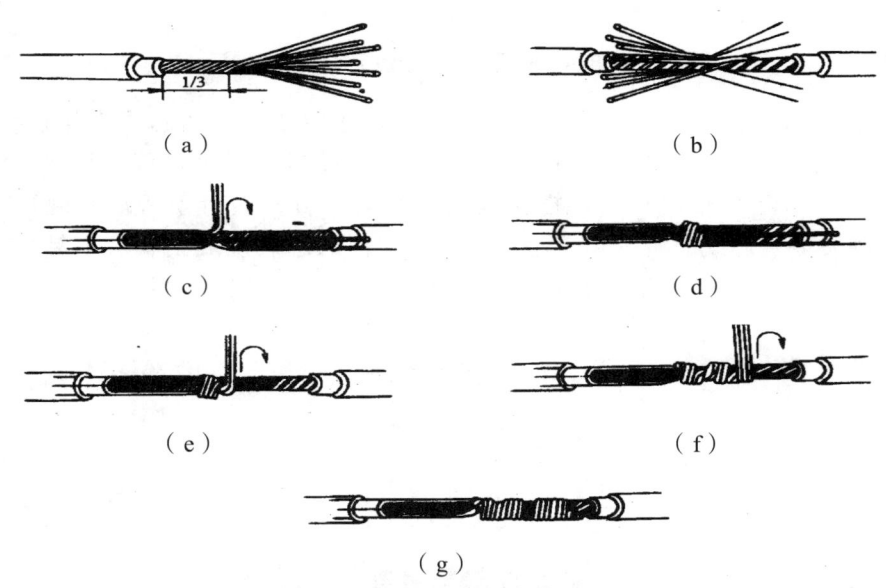

图 8-11　7 股铜芯导线的直接连接

④ 19 股铜芯导线的直接连接：连接方法与 7 股芯线的基本相同，芯线太多，可剪去中间的几股芯线，缠接后，在连接处尚须进行钎焊，以增强其机械强度和改善导电性能。

⑤ 7 股铜芯导线的 T 字分支连接：把分支芯线线头的 1/8 处根部进一步绞紧，再把 7/8 处部分的 7 股芯线分成两组，如图 8-12（a）所示；接着把干线芯线用螺丝刀撬分两组，把支线四股芯线的一组插入干线的两组芯线中间，如图 8-12（b）所示；然后把三股芯线的一组往干线一边按顺时

针紧缠 3~4 圈，钳平切口，如图 8-12（c）所示；另一组四股芯线则按逆时针缠绕 4~5 圈，两端均剪去多余部分，如图 8-12（d）所示。

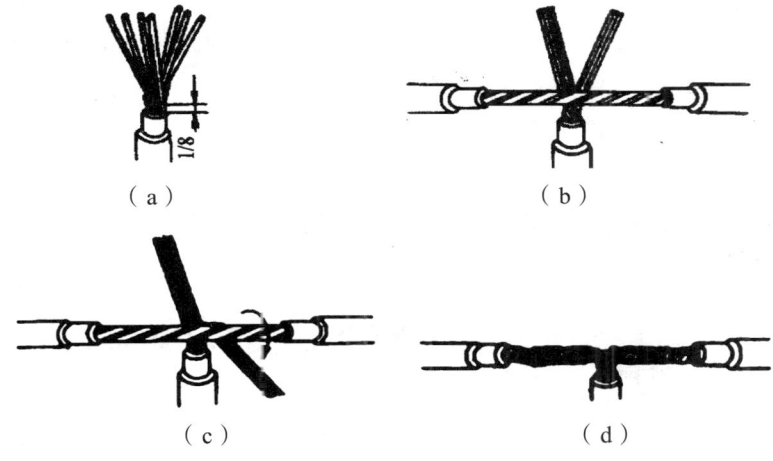

图 8-12　7 股铜芯导线的 T 字分支连接

⑥ 19 股铜芯导线的 T 字分支连接：19 股铜芯导线 T 字分支与 7 股芯线导线基本相同。只是将支路导线的芯线分成 9 根和 10 根，并将 10 根芯线插入干线芯线中，各分两次向左右缠绕。

（2）铝芯导线的连接。

铝极易被氧化，而氧化铝膜的电阻率又很高，所以铝芯导线不能采用铜芯线的方法进行连接，否则容易发生事故。铝芯导线的连接方法如下。

① 螺钉压接法连接。

该方法适用于负荷较小的单股芯线连接。在线路上可通过开关、灯头和瓷接头上的接线桩螺钉进行连接。连接前必须用钢丝刷除去芯线表面的氧化铝膜，并立即涂上凡士林锌膏粉或中性凡士林，然后方可进行螺丝压接。作直线连接时，先把每根铝导线在接近线端处卷上 2~3 圈，以备线头断裂后再次连接用，若是两个或两个以上线头同接在一个接线桩时，则先把几个线头拧接成一体，然后压接。如图 8-13 所示。

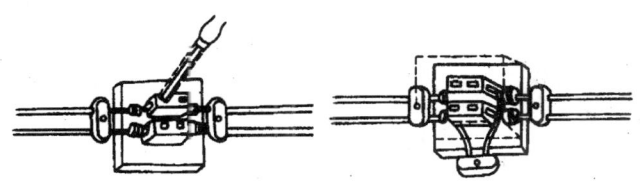

图 8-13　单股铝芯导线的螺钉压接法连接

② 钳接管压接法连接。

该方法适用于户内外较大负荷的多根芯线的连接。压接方法是：选用适应导线规格的钳接管（压接管），清除掉钳接管内孔和线头表面的氧化层，按如图 8-14 所示方法和要求，把两线头插入钳接管，用压接钳进行压接。若是钢芯铝绞线，两线之间则应衬垫一条铝质垫片，钳接管的压坑数和压坑位置的尺寸是有标准的。

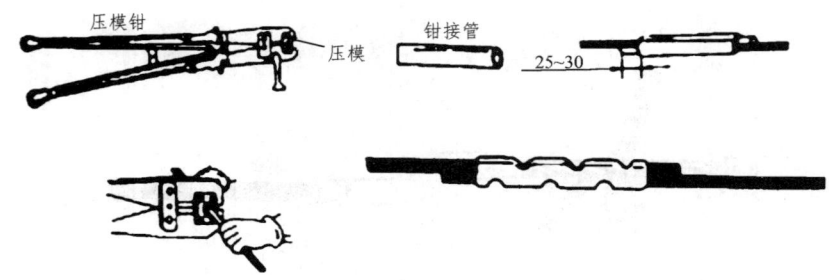

图 8-14　钳接管压接法连接

（3）线头与接线桩的连接。

在各种用电器或电气装置上，均有接线桩供连接导线用，常用的接线桩有针孔式和螺钉平压式两种。

① 线头与针孔式接线桩的连接。

具体连接方法如图 8-15 所示。在针孔式接线桩上接线时，如果单股芯线与接线桩插线孔大小适宜，只要把芯线插入针孔，旋紧螺钉即可，如图 8-15（a）所示。如果单股芯线较细，则要把芯线折成双根，再插入针孔；或选一根直径大小相宜的铝导线作绑扎线，在已绞紧的线头上紧密缠绕一层，线头和针孔合适后再进行压接，如图 8-15（b）所示。如果是多根软芯线，必须先绞紧线芯，再插入针孔，切不可有细丝露在外面，以免发生短路事故。若线头过大，插不进针孔，可将线头散开，适量剪去中间几股，然后绞紧线头，进行压接，如图 8-15（c）所示。

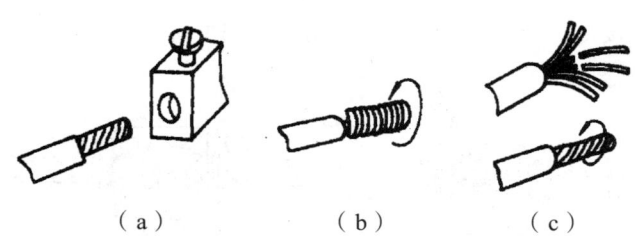

（a）　　　　　　（b）　　　　　　（c）

图 8-15　线头与针孔式接线桩的连接

② 线头与螺钉平压式接线桩的连接。

在螺钉平压式接线桩上接线时,如果是较小截面单股芯线,则必须把线头弯成羊眼圈,如图8-15所示,羊眼圈弯曲的方向应与螺钉拧紧的方向一致。多股芯线与螺钉平压式接线桩连接时,压接圈的弯法如图8-17所示。较大截面单股芯线与螺钉平压式接线桩连接时,线头必须装上接线耳,由接线耳与接线桩连接。

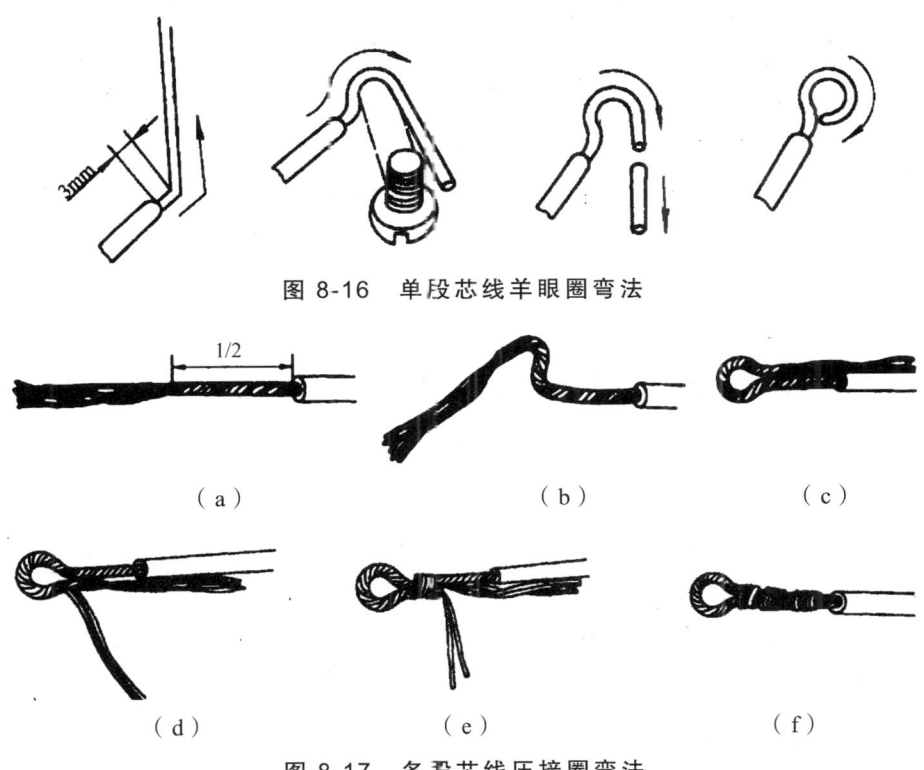

图8-16 单股芯线羊眼圈弯法

(a)　　　　　　(b)　　　　　　(c)

(d)　　　　　　(e)　　　　　　(f)

图8-17 多股芯线压接圈弯法

4. 导线的封端

安装后的配线出线端,最终要与电器或设备相连。将导线端部装设接线耳,用接线耳(又称线鼻子)先与线端用压接钳压接,如图8-18(d)所示,或进行钎焊(大截面采用乙炔气焊),然后由接线耳再与接线端子进行螺钉压接,与设备相连接即为封端连接,大截面导线的设备连接常采用此法。接线耳和接线端子螺钉的形状如图8-18(a)、(b)、(c)所示。

（a）大载流量用接线耳

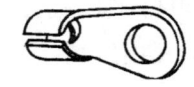
（b）小载流量用接线耳

（c）接线端子螺钉

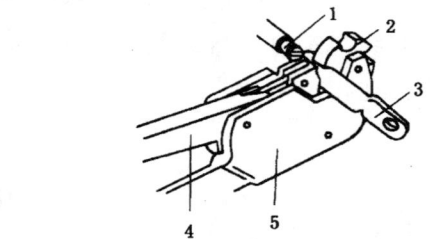
（d）导线线头与接线耳的压接方法

图 8-18　接线耳与接线端子螺钉

1—线头；2—模块；3—接线耳；4—钳柄；5—压接钳头

1）锡焊封端法

该方法适用于铜芯导线与铜接线端子的封端。方法是：焊接前，先清除导线端和接线耳内表面的氧化层并涂上无酸焊锡膏，将线端搪一层锡后把接线耳加热，将锡熔化在接线耳孔内，再插入搪好锡的芯线继续加热，直到焊锡完全熔化渗透在线芯缝隙中为止。钎焊时，必须使锡液充分注入空隙，封口要丰满；灌满锡液后，导线与接线耳（或接线端子螺钉）之间的位置不可挪动，要等焊锡充分凝固后方可放手，否则会使焊锡结晶粗糙甚至脱焊。

2）压接封端法

该方法适用于铜导线和铝导线与接线端子的封端（但多用于铝导线的封端）。方法是：先把线端表面清除干净，将导线插入接线端子孔内，再用导线压接钳进行钳压，如图 8-18 所示。

5. 导线绝缘层的恢复

为了保证用电安全，导线的绝缘层破损后，必须恢复，导线连接后，也需恢复绝缘。恢复后的绝缘强度不应低于原有绝缘层。

1）线圈内部导线绝缘层的恢复

（1）绝缘材料选用：线圈内部导线绝缘层有破损，或经过接头后，要根据线圈层间和匝间承受的电压及线圈的技术要求，选用合适的绝缘材料包覆。常用的绝缘材料有电容纸、黄蜡绸、黄蜡布、青壳纸和涤纶薄膜等。其中，电容纸和青壳纸的耐热性能最好，电容纸和涤纶薄膜最薄。电压较低的小型线圈选用电容纸，电压较高的选用涤纶薄膜；较大型的线圈，则选用黄蜡带或青壳纸。

（2）恢复方法：一般采用衬垫法，即在导线绝缘层破损处（或接头处）上下衬垫一层或两层绝缘材料，左右两侧借助于邻匝导线将其压住。衬垫时，绝缘垫层前后两端都要留出一倍于破损长度的余量。

2）线圈线端连接处绝缘层的恢复

（1）绝缘材料选用：一般选用黄蜡带、涤纶薄膜带或玻璃纤维带等绝缘材料。

（2）恢复方法：恢复绝缘通常采用包缠法，即从完整绝缘层上开始包缠，包缠两根带宽后方可进入连接处的线芯部分。包至连接处的另一端时，也需同样包入完整绝缘层上两根芯宽的距离，如图 8-19（a）所示。

包缠时，绝缘带与导线应保持约 45°的倾斜角，每圈包缠压叠带的一半，如图 8-19（b）所示。一般情况下需包缠两层绝缘带，必要时再用纱布带封一层。绝缘带与绝缘带的衔接，应采取续接的方法，如图 8-19（c）所示。绝缘带包缠完毕后的末端，应用纱线绑扎牢固，如图 8-19（d）所示，或用绝缘带自身套结扎紧，方法如图 8-19（e）所示。

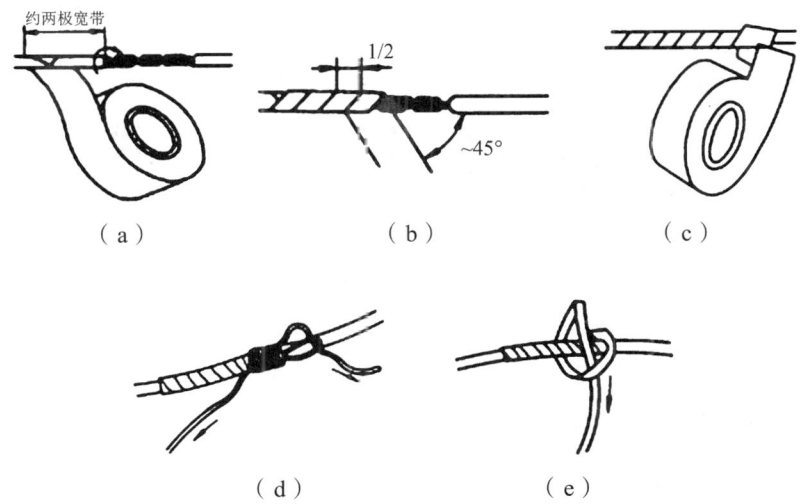

图 8-19 黄蜡芍或塑料绝缘带的包缠

3）电力线绝缘层的恢复

（1）绝缘材料选用：一般选用黑胶带、黄蜡带、塑料绝缘带和涤纶薄膜带等，它们的绝缘强度按上列顺序依次递增。为了包缠方便，一般绝缘带选用 20 mm 宽较适中。

（2）绝缘带的包缠方法：将黄蜡带（或塑料绝缘带）从导线的左边完整的绝缘层上开始包缠，包缠两带宽后方可进入无绝缘层的芯线部分，如图 8-19（a）所示。

包缠时，黄蜡带（或塑料绝缘带）与导线保持约 45°的倾斜角，每圈压叠带宽的 1/2，如图 8-19（b）所示。包缠一层黄蜡带后，将黑胶布带接在黄蜡带的尾端，朝相反方向斜叠包缠一层黑胶布带，也要每圈压叠带宽的 1/2，如图 8-19（c）所示。若采用塑料绝缘带进行包缠时，就按上述包缠方法来回包缠 3~4 层后，留出 10~15 mm 长段，再切断塑料绝缘带；将留出段用火点燃，并趁势将燃烧软化段用拇指摁压，使其粘贴在塑料绝缘带上。

（3）包缠要求：在 380 V 线路上的导线恢复绝缘时，必须先包缠 1~2 层黄蜡带，然后再包缠一层黑胶布带。在 220 V 线路上的导线恢复绝缘时，先包缠一层黄蜡带，然后再包缠一层黑胶布带。也可以只包缠两层黑胶布带。绝缘带包缠时，不能过疏，更不能露出芯线，以免造成触电或短路事故。绝缘带平时不可放在温度很高的地方，也不可浸染油类。绝缘层剖剥、接线、恢复全过程如图 8-20 所示。

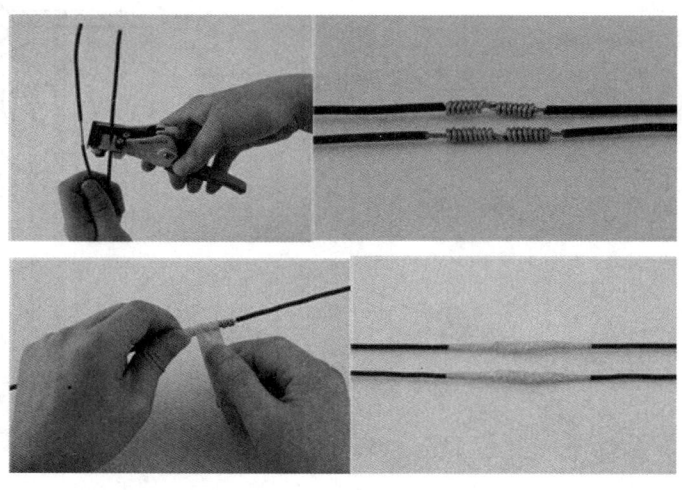

图 8-20　绝缘层剖剥、接线、恢复全过程

【任务实施步骤及方法】

（1）任务实施图见图 8-1～图 8-20，按照图中步骤逐一练习导线的加工方法。

（2）任务实施方法见任务理论相关知识。

【任务实施注意事项】

（1）尽可能的用到各类相关导线。

（2）按照各种导线加工步骤多练习。

【任务知识巩固】

（1）塑料硬线绝缘层剥削的具体操作方法是怎样的？

（2）如何进行线头与螺钉平压式接线桩的连接？

项目 9　室内照明电路的安装与检修

【学习目标】

（1）了解常用照明设备的结构及原理。
（2）掌握常用照明用具的接线与安装方法和步骤。
（3）掌握照明电路的故障原因与检修方法。

【实施环境】

电工常用工具和仪表、常用照明设备、实验板等。

任务 9.1　室内照明电路的安装

【理论知识】

照明电路的组成包括单相电能表、漏电保护器、熔断器、插座、灯头、开关、照明灯具和各类电线及配件辅料等。现从以下几个方面介绍。

1．常用照明设备

1）白炽灯

白炽灯俗称灯泡，是利用电流通过高熔点钨丝后，使之发热到白炽状态而发光的电光源，其发光效率比较低。白炽灯有螺口式和插口式两种，其组成结构如图 9-1（a）、（b）所示。白炽灯的规格很多，有 220 V、110 V、36 V、24 V、12 V、6 V 等，其中 36 V 以下的属于低压安全灯泡。灯泡的灯头、灯座有卡口式和螺旋口式两种，如图 9-1（c）、（d）、（e）所示，功率超过 300 W 的灯泡，一般采用螺旋口灯头，因为螺旋口灯头在接触与散热方面好于卡口灯头。

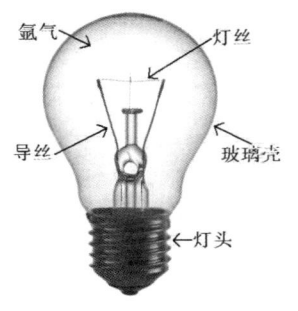
（a）螺旋口白炽灯

（b）卡口白炽灯

（c）灯头

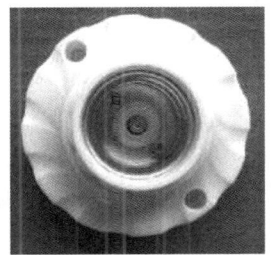
（d）螺旋口灯座

（e）卡口灯座

图 9-1　白炽灯及灯座

2）荧光灯

荧光灯又称为日光灯，如图 9-2 所示，是由灯管、镇流器、启辉器、灯架、灯座组成。荧光灯管是将管内抽成真空后再充入少量氩气的玻璃管，在灯管两端各装有一个通电时能发射大量电子的灯丝。灯管内涂有荧光粉，并放有微量水银。当灯管的两个电极上通电后便加热灯丝发射电子，电子在电场的作用下逐渐达到高速碰撞汞原子，使其产生紫外线；紫外线照射到管壁的荧光粉上，使其激发出可见光。荧光灯的发光效率比白炽灯约高 4 倍，使用寿命长。

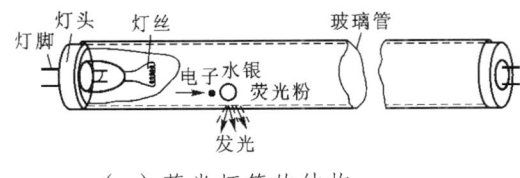
（a）荧光灯管的结构

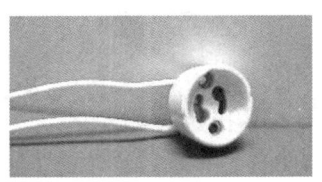
（b）灯头

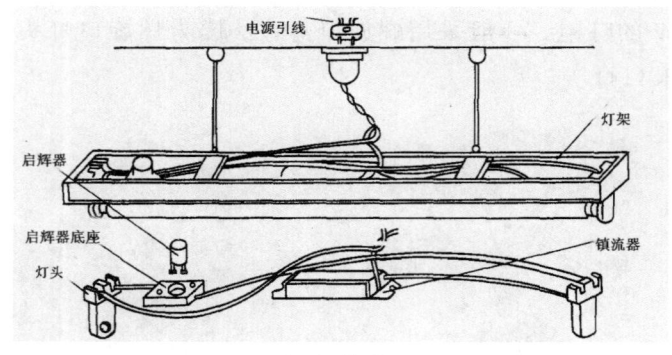

（c）结构

图 9-2 荧光灯

荧光灯的点亮需要启辉器和镇流器。启辉器由氖泡、介质电容、出线脚和外壳组成，如图 9-3 所示。镇流器是带有铁芯的线圈，其电路图如图 9-4 所示。

图 9-3 启辉器

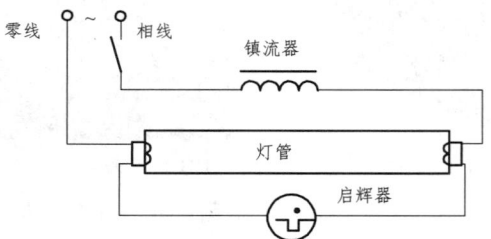

图 9-4 荧光灯电路图

3）节能灯

节能灯又称紧凑型荧光灯，它与普通日光灯一样，属一种低汞蒸气压放电灯。它具有光效高（是普通灯泡的 5 倍）、节能效果明显、寿命长、体积小、使用方便等优点。节能灯因灯管外形不同，主要为 U 形管、螺旋管、直管，如果 9-5 所示。

（a）U 形管　　　　　（b）螺旋管　　　　　（c）直管

图 9-5 节能灯

节能灯的镇流器主要以电子式为主，如图9-6（a）所示，具有"镇流"和"高压脉冲"功能。其优点是节能、启动电压较宽、启动时间短（0.5 s）、无噪声、无频闪现象，可以在 15～60 ℃ 范围内正常工作。采用电子镇流器的荧光灯的接线图如图9-6（b）所示。

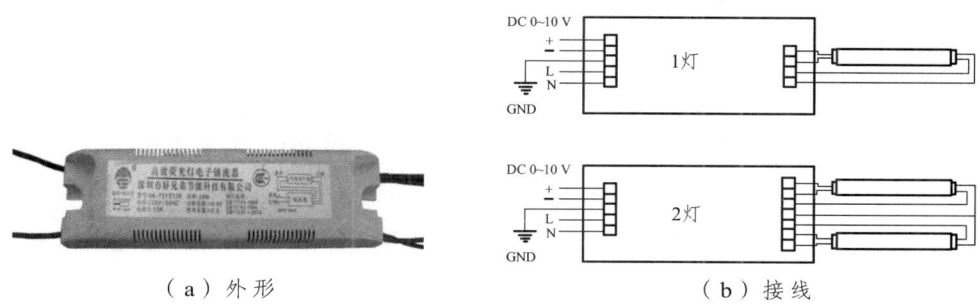

（a）外形　　　　　　　　　　　　（b）接线

图 9-6　电子镇流器的外形与接线

4）LED 灯

LED 即半导体发光二极管，是一种固态的半导体器件，它可以直接把电转化为光，如图9-7所示。其特点是光效高、耗电少、寿命长、易控制、安全环保；是新一代固体冷光源。

图 9-7　LED 灯

2. 常见照明用具的接线与安装

1）开关、插座、灯座（头）的接线

（1）开关的接线。

照明开关是控制灯具的电气元件，起控制照明电灯的亮与灭的作用（即接通或断开照明线路）。开关有明装和暗装之分，现在家庭一般是暗装开关，如图9-8所示。

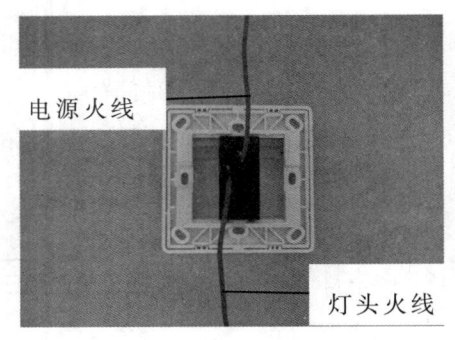 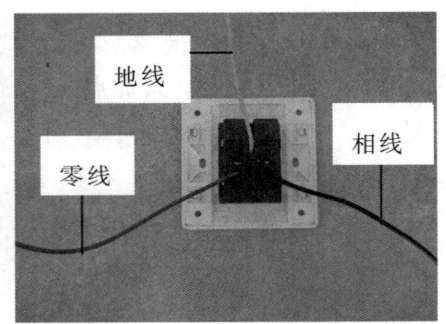

图 9-8　开关接线　　　　　　图 9-9　插座接线

（2）插座的接线。

根据电源电压的不同，插座可分为三相四孔插座、单相三孔或五孔插座。家庭用插座一般都是单相插座，可根据插座后面的标识，L 端接相线，N 端接零线，E 端接地线。一般插座接线原则是左零右相。单相三孔插座的接线原则是左零右相上接地。如图 9-9 所示的插座接线。注意：根据标准规定，相线（火线）是红色线，零线（中性线）是黑色线，接地线是黄绿双色线。

（3）灯座的接线。

灯座上一般有两个接线端子，一个为相线端，一个为零线端。在接线时，灯座螺口上的接线端子必须接零线，把来自开关的相线接在连通中心簧片的端子上。接线时应注意线头弯曲的方向与螺丝拧紧的方向相同。

2）漏电保护器与电子式电能表的接线

（1）漏电保护器的接线。

电源进线必须接在漏电保护器的正上方，即外壳上标有"电源"或"进线"端；出线均接在下方，即标有"负载"或"出线"端，如图 9-10 所示。倘若把进线、出线接反了，将会导致保护器动作后烧毁线圈或影响保护器的接通、分断能力。

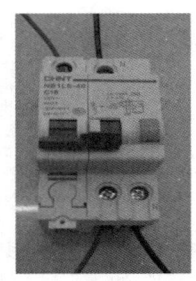

图 9-10　漏电保护器的接线

(2)电子式电能表的接线。

DDS633型单相电子式电能表接线盒里共有4个接线桩,从左至右按1、2、3、4编号。直接接线方法是按编号1、3接进线(1接相线,3接零线),2、4接出线(2接相线,4接零线),如图9-11所示。5、6为脉冲信号输出端子,用户可根据需要接线。注意:在具体接线时,应以电能表接线盒盖内侧的线路图为准。

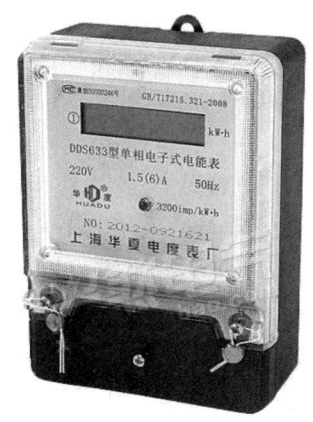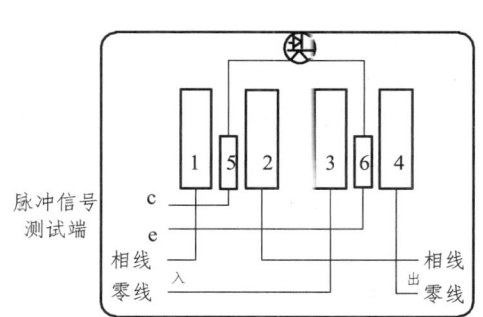

图 9-11　DDS633型单相电子式电能表

3)开关、插座、灯座(头)的安装

(1)开关、插座、灯座(头)的明装。

采用明线安装方式时需要加装木台。在明线敷设完毕后,需要在安装开关、插座、挂线盒等处先安装木台。在木质墙上可直接用螺钉固定木台,对于混凝土或砖墙应先钻孔,插入木榫或膨胀管。

在安装木台前需要先对木台进行加工:根据要安装的开关、插座等的位置和导线敷设的位置,在木台上钻好出线孔、锯好线槽。然后将导线从木台的线槽进入木台,从出线孔穿出(在木台下留出一定长度余量的导线),再用较长木螺钉将木台固定牢固。

最后将开关、插座、灯座的底座用木螺丝固定在木台上。

(2)开关、插座的暗装。

根据开关或插座的尺寸安装暗线盒,如图 9-12(a)所示;接着按接线要求,将盒内甩出的导线与开关、插座的面板连接好,如图 9-12(b)所示;最后将开关或插座推入盒内对正盒眼,用螺丝固定,固定时要保证面板端正。

 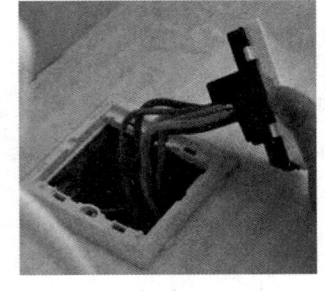

（a）　　　　　　　　　　　（b）

图 9-12　开关、插座的暗装

（3）吊灯座的安装。

把挂线盒底座安装在已固定好的木台上，再将塑料软线或花线的一端穿入挂线盒罩盖的孔内并打个结，使其能承受吊灯的重量（采用软导线吊装的吊灯重量应小于 1 kg，否则应采用吊链），然后将两个线头的绝缘层剥去，分别穿入挂线盒底座正中凸起部分的两个侧孔里，再分别接到两个接线桩上，旋上挂线盒盖。接着将软线的另一端穿入吊灯座盖孔内，也打个结，把两个剥去绝缘层的线头接到吊灯座的两个接线桩上，罩上吊灯座盖。

4）漏电断路器与电子式电能表的安装

（1）漏电保护器的安装如图 9-13 所示，具体要求如下：

图 9-13　配电盘上的漏电保护器

① 漏电保护器应安装在进户线截面较小的配电盘上或照明配电箱内，如图 9-12 所示。安装在电度表之后，熔断器之前。

② 所有照明线路导线（包括中性线在内），均必须通过漏电保护器，且中性线必须与地绝缘。

③ 漏电保护器应垂直安装，倾斜度不得超过 5°。

④ 安装漏电保护器后，不能拆除单相闸刀开关或熔断器等。这样一是维修设备时有一个明显的断开点；二是刀闸或熔断器起着短路或过负荷保护作用。

（2）电能表的安装如图9-14所示，具体要求如下：

图 9-14　电能表的安装

① 电能表应安装在箱体内或涂有防潮漆的木制底盘、塑料底盘上。

② 为确保电能表的精度，安装时表的位置必须与地面保持垂直，其垂直方向的偏移不大于1°。表箱的下沿离地高度应在 1.7~2 m 之间，暗式表箱下沿离地 1.5 m 左右。

③ 单相电能表一般应装在配电盘的左边或上方，而开关应装在右边或下方。与上、下进线间的距离大约为 80 mm，与其他仪表左、右距离大约为 60 mm。

④ 电能表的安装部位，一般应在走廊、门厅、屋檐下，切忌安装在厨房、厕所等潮湿或有腐蚀性气体的地方。现住宅多采用集表箱安装在走廊。

⑤ 电能表的进线、出线应使用铜芯绝缘线，线芯截面不得小于 1.5 mm。接线要牢固，但不可焊接，裸露的线头部分不可露出接线盒。

⑥ 由供电部门直接收取电费的电能表，一般由其指定部门验表，然后由验表部门在表头盒上封铅封或塑料封，安装完后，再由供电局直接在接线桩头盖上或计量柜门封上铅封或塑料封。未经允许，不得拆掉铅封。

【任务实施步骤及方法】

按安装图及原理图安装小型配电箱及室内照明电路，电路原理图如图 9-15 所示，安装图如图 9-16 所示。安装步骤如下：

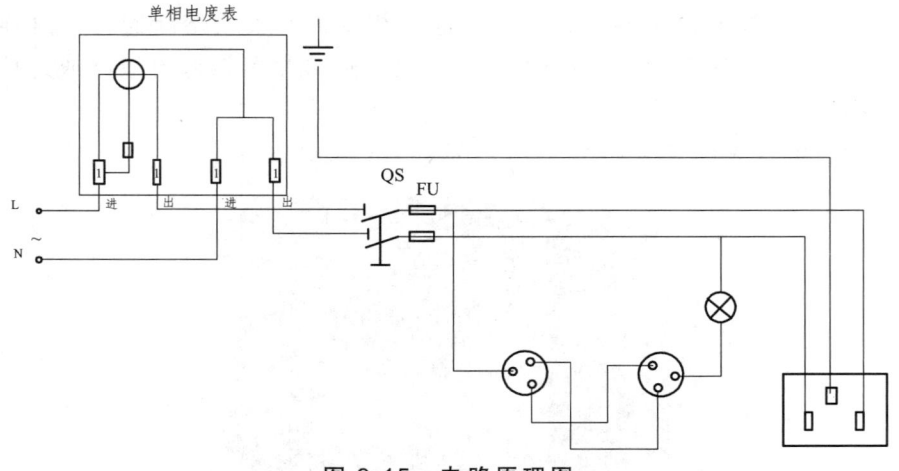

图 9-15 电路原理图

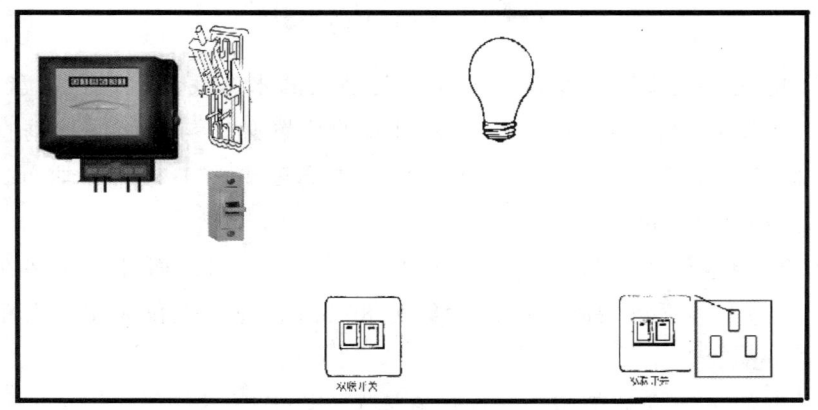

图 9-16 安装图

（1）按照任务要求准备元器件及导线等。

（2）检测元器件。

（3）按照安装图在电器板上用木螺钉安装紧固各种元器件。

（4）按照原理图用导线正确连接照明元器件，包括电度表、闸刀开关、熔断器、双控开关、照明灯、插座的线路安装。

（5）通电前线路检测。

① 安装完毕，清理线头及工具，使用万用表对电路进行基本的检查。

② 检测线路一切正常后，方可在教师指导下进行通电试验。如果测量有短路，切不可通电，需认真对照原理图检修正常后才可通电。

(6)通电试验。

① 送电由电源端开始往负载依次顺序送电,先合上闸刀开关,然后合上控制照明灯的开关,照明灯正常发亮,插座可以正常工作,电能表根据负载大小决定表盘转动快慢,负荷大时,表盘就转动快,用电就多。

注意:通电时必须有专人监护,确保安全操作。

② 检查每个开关是否能按线路原理图要求控制灯具,检查插座是否接通。

(7)通电试验合格后拆线,完整地归还元器件,清洁整理工位。

【任务实施注意事项】

(1)接线时,火线一定要先进开关,后接熔断器,最后才接到照明灯上。
(2)电器在电路板上安装时要做到整齐美观、不会松动。

【任务知识巩固】

(1)电能表安装的具体要求有哪些?
(2)开关的安装有哪些注意事项?

任务 9.2 室内照明电路的故障检修

【理论知识】

1. 白炽灯的常见故障

白炽灯在使用过程中往往会出现一些问题,白炽灯线路的常见故障、故障原因及排除方法如表 9-1 所示。

表 9-1 白炽灯线路的常见故障分析

故障现象	产生故障的原因	排除方法
灯泡不亮	灯丝断裂	更换灯泡
	灯座或开关触头接触不良	修复接触不良的触头,无法修复时,应换完好的灯座或开关

续表 9-1

故障现象	产生故障的原因	排除方法
灯泡不亮	熔体熔断	查找原因，修复后更换熔体
	电路中出现断路故障	查线路
灯泡发光强烈	所接电源电压高于灯泡的额定电压	换与电源电压相符的灯泡
	灯丝局部短路（俗称搭丝）	更换灯泡
灯光忽亮忽暗	灯座或开关触头松动	修复松动的触头或接线
	电源电压波动（通常由附近有大容量负载经常启动引起）	更换配电变压器，增加容量
	熔断器熔丝接头接触不良	重新安装或加固压接螺钉
不断烧断熔丝	灯座或挂线盒连接处两线互碰	重新接妥线头
	负载过大	减轻负载或扩大线路的导线容量
	熔丝太细	正确选用熔丝规格
	线路短路	修复线路
	胶木灯座两触头间胶木严重烧毁	更换灯座
灯光暗红	灯座、开关或导线对地严重漏电	更换完好的灯座、开关或导线
	灯座、开关接触不良或导线连接处接触电阻增加	修复接触不良的触头，重新连接接头
	线路导线太长太细、线压降太大	缩短线路长度，或更换较大截面积的导线

2. 荧光灯的常见故障

荧光灯的常见故障、故障原因及排除方法如表 9-2 所示。

表 9-2 荧光灯常见故障及排除方法

故障现象	产生原因	排除方法
荧光灯不能发光	停电或保险丝烧断导致无电源	找出断电原因，检修好故障后恢复送电
荧光灯不能发光	灯管漏气或灯丝断	用万用表检查或观察荧光粉是否变色，如确认灯管已坏，可换新灯管
	电源电压过低	不必修理
	新装日光灯接线错误	检查线路，重新接线
	电子镇流器整流桥开路	更换整流桥

续表 9-2

故障现象	产生原因	排除方法
荧光灯灯光抖动或两端发红	接线错误或灯座灯脚松动	检查线路或修理灯座
	电子镇流器谐振电容器容量不足或开路	更换谐振电容器
	灯管老化，灯丝上的电子发射将尽，放电作用降低	更换灯管
	电源电压过低或线路电压降过大	升高电压或加粗导线
	气温过低	用热毛巾对灯管加热
灯光闪烁或管内有螺旋滚动光带	电子镇流器的大功率晶体管开焊、接触不良或整流桥接触不良	重新焊接
	新灯管暂时现象	使用一段时间，会自行消失
	灯管质量差	更换灯管
灯管两端发黑	灯管老化	更换灯管
	电源电压过高	调整电源电压至额定电压
	灯管内水银凝结	灯管工作后即能蒸发或将灯管旋转180°
灯管光度降低或色彩转差	灯管老化	更换灯管
	灯管上积垢太多	清除灯管积垢
	气温过低或灯管处于冷风直吹位置	采取遮风措施
	电源电压过低或线路电压降得太多	调整电压或加粗导线
灯管寿命短或发光后立即熄灭	开关次数过多	减少不必要的开关次数
	新装灯管接线错误将灯管烧坏	检修线路，改正接线
	电源电压过高	调整电源电压
	受剧烈振动，使灯丝振断	调整安装位置或更换灯管
断电后灯管仍发微光	荧光粉余辉特性	过一会将自行消失
	开关接到了零线上	将开关改接至相线上
灯管不亮，灯丝发红	高频振荡电路不正常	检查高频振荡电路，重点检查谐振电容器

【任务实施步骤及方法】

（1）参照电路原理图 9-14 和安装图 9-15，熟悉电器元件的实际位置和走线情况，并通过测量等方法找出实际走线路径。

（2）学生观摩检修。在电路板上，人为设置自然故障点，由教师示范检修，边分析边检查，直至故障排除。故障设置时应注意以下几点：

① 人为设置的故障必须是照明电路在使用过程中出现的自然故障。

② 切忌通过更改线路或更换电器元件来设计故障。

③ 尽量设置不容易造成人身或电路电器元件事故的故障点。

（3）学生按照以下步骤进行电路检修练习：

① 通电实验，观察故障现象。

② 根据故障现象，依据电路图用逻辑分析法初步确定故障范围，并在电路图中标出最小故障范围。

③ 采取适当的检查方法查出故障点，并正确地排除故障。

④ 检修完毕进行通电实验，并做好维修记录。

学生可练习在规定时间内排除电路故障。

【任务实施注意事项】

（1）检修前要认真阅读分析电路图，熟练掌握各部分原理及作用，并认真观摩教师的示范检修。

（2）工具和仪表的使用要符合使用要求。

（3）检修时，严禁扩大故障范围或产生新的故障点。

【任务知识巩固】

（1）白炽灯线路的常见故障及排除方法。

（2）荧光灯常见故障及排除方法。

项目 10 三相异步电动机基本控制线路的安装、调试与故障检修

【学习目标】

(1) 通过对三相异步电动机控制线路的实际安装接线,掌握由电气原理图变换成安装接线图的知识。

(2) 通过实验进一步加深理解电动机基本控制线路的特点。

(3) 熟悉电动机基本控制线路的一般安装步骤和工艺要求,能够正确安装线路。

(4) 能正确安装、调试和检修三相异步电动机控制线路。

任务 10.1 三相异步电动机点动和自锁控制线路的安装

【任务实施环境】

实施任务需要用到的材料和工具如表 10-1 所示。

表 10-1 材料工具表

序号	名 称	型号与规格	数量	备注
1	三相交流电源	220 V		
2	三相鼠笼式异步电动机	DJ24	1	
3	交流接触器		1	D61-2
4	按钮		2	D61-2
5	交流电压表	0~500 V		
6	万用电表		1	自备
7	熔断器		1	

【任务理论知识】

继电器-接触器控制在各类生产机械中获得广泛地应用，凡是需要进行前后、上下、左右、进退等运动的生产机械，均采用传统的典型的正、反转继电器-接触器控制。现对其控制方式做以下几点说明。

（1）交流电动机继电器-接触器控制电路的主要设备是交流接触器，其主要构造为：

① 电磁系统-铁芯、吸引线圈和短路环。

② 触头系统-主触头和辅助触头，还可以按吸引线圈得电前后触头的动作状态，分动合（常开）、动断（常闭）两类。

③ 消弧系统-在切断大电流的触头上装有灭弧罩，以迅速切断电弧。

④ 接线端子，反作用弹簧等。

（2）在控制回路中常采用接触器的辅助触头来实现自锁和互锁控制。要求接触器线圈得电后能自动保持动作后的状态，这就是自锁，通常用接触器自身的动合触头与启动按钮相并联来实现，以达到电动机的长期运行，这一动合触头称为"自锁触头"。使两个电器不能同时得电动作的控制，称为互锁控制，如为了避免正、反转两个接触器同时得电而造成三相电源短路事故，必须增设互锁控制环节。为操作的方便，也为防止因接触器主触头长期大电流的烧蚀而偶发触头粘连后造成三相电源短路事故，通常在具有正、反转控制的线路中采用既有接触器的动断辅助触头的电气互锁，又有复合按钮机械互锁的双重互锁的控制环节。

（3）控制按钮通常用以短时通、断小电流的控制回路，以实现近、远距离控制电动机等执行部件的启、停或正、反转。按钮是专供人工操作使用的。对于复合按钮，其触点的动作规律是：当按下时，其动断触头先断，动合触头后合；当松手时，则动合触头先断，动断触头后合。

（4）在电动机运行过程中，应对可能出现的故障进行保护。

采用熔断器作短路保护，当电动机或电器发生短路时，及时熔断熔体，达到保护线路、保护电源的目的。熔体熔断时间与流过的电流之间的关系称为熔断器的保护特性，这是选择熔体的主要依据。

采用热继电器实现过载保护，使电动机免受长期过载之危害。其主要的技术指标是整定电流值，即电流超过此值的20%时，其动断触头应能在一定时间内断开，切断控制回路，动作后只能由人工进行复位。

（5）在电气控制线路中，最常见的故障发生在接触器上。接触器线圈的电压等级通常有220 V和380 V等，使用时必须认清，切勿疏忽。否则，电压过高易烧坏线圈；电压过低，吸力不够，不易吸合或吸合频繁，这不但会产生很大的噪声，也会因磁路气隙增大致使电流过大而烧坏线圈。此外，在接触器铁芯的部分端面嵌装有短路铜环，其作用是为了使铁芯吸合牢靠，消除颤动与噪声，若短路环脱落或断裂，接触器将会产生很大的振动与噪声。

本次任务主要是三相异步电动机点动和自锁控制线路的安装，通过实践，体会继电器—接触器控制的特点。

【任务实施步骤及方法】

首先，认识各电器的结构、图形符号、接线方法；抄录电动机及各电器铭牌数据；并用万用电表"Ω"挡检查各电器线圈、触头是否完好。

其次，鼠笼式异步电动机接成△接法；实验线路电源端接三相自耦调压器输出端U、V、W，供电线电压为380 V。

最后，根据电路图及要求安装线路。

1. 安装点动控制线路

电动机点动控制线路的原理图及实物接线图如图10-1和图10-2所示。

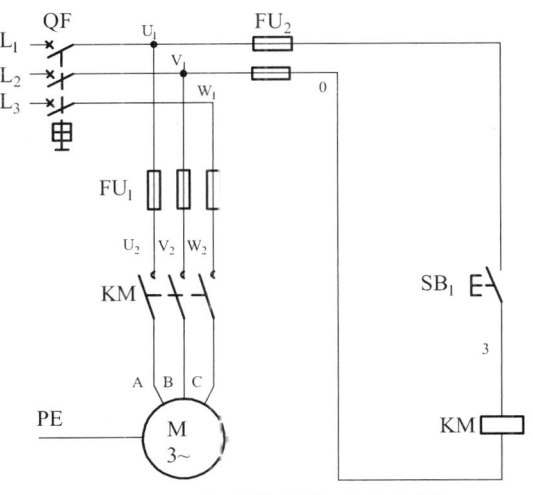

图10-1　点动控制线路原理图

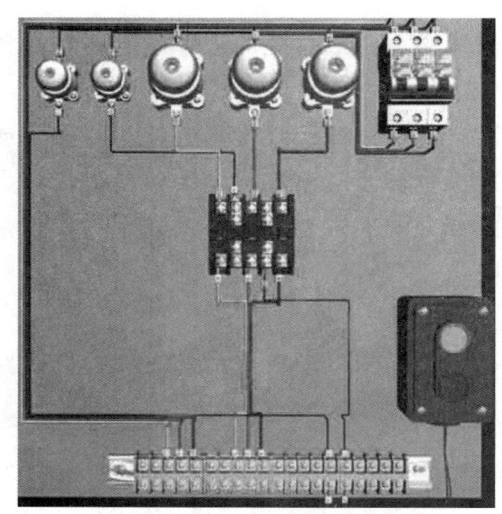

图 10-2　点动控制线路实物接线图

1）安装元件

按图 10-2 所示点动控制线路实物接线图，进行元件安装。工艺要求如下：

（1）断路器、熔断器的受电端子应安装在控制板的外侧，并确保熔断器的受电端为底座的中心端。

（2）各元件的安装位置应整齐、匀称，间距合理，便于元件的更换。

（3）紧固各元件时，用力要均匀，紧固程度适当。在紧固熔断器、接触器等易碎元件时，应该用手按住元件一边轻轻摇动，一边用旋具轮换旋紧对角线上的螺钉，直到手摇不动后，再适当加固旋紧些即可。

2）安装电路接线

按图 10-1 所示点动控制线路原理图和图 10-2 所示点动控制线路实物接线图进行安装接线。

（1）接线时，先接主电路，即从 220 V 三相交流电源的输出端 U、V、W 开始，经熔断器、接触器 KM 的主触头到电动机 M 的三个线端 A、B、C，用导线按顺序串联起来。

（2）主电路连接完整无误后，再连接控制电路，即从 220 V 三相交流电源某输出端（如 U）开始，经过熔断器 FU_2、常开按钮 SB_1、接触器 KM 的线圈到三相交流电源另一输出端（如 V）。显然这是对接触器 KM 线圈供电的电路。

工艺要求如下：

（1）布线通道尽可能少，同路并行导线按主、控电路分类集中，单层密排，紧贴安装布线。

（2）同一平面的导线应高低一致或前后一致，不能交叉。非交叉不可时，该根导线应在接线端子引出时就水平架空跨越，且必须走线合理。

（3）布线应横平竖直，分布均匀。变换走向时应垂直转向。

（4）布线时严禁损伤线芯和导线绝缘。

（5）在每根剥去绝缘层导线的两端套上编码套管。

3）通电操作

接好线路，经指导教师检查后，方可进行通电操作。

（1）开启控制屏电源总开关，按启动按钮，调节调压器输出，使输出线电压为 220 V。

（2）按启动按钮 SB_1，对电动机 M 进行点动操作，比较按下 SB_1 与松开 SB_1 时电动机和接触器的运行情况。

（3）实验完毕，按控制屏停止按钮，切断实验线路三相交流电源。

2. 安装自锁控制电路

电动机自锁控制线路原理图如图 10-3 所示，它与图 10-1 的不同点在于控制电路中多串联了一只常闭按钮 SB_2，同时在 SB_1 上并联了 1 只接触器 KM 的常开触头，它起自锁作用。

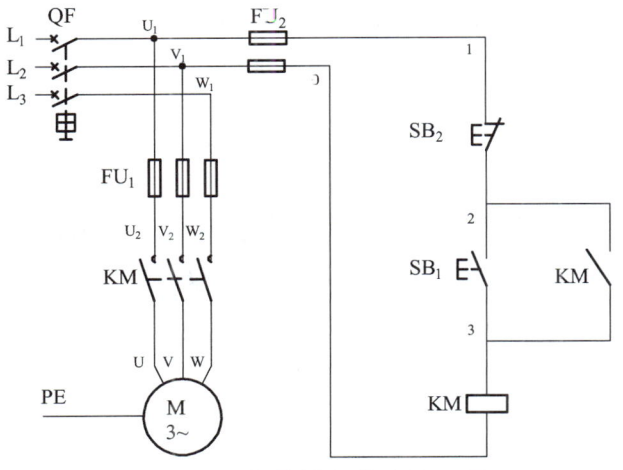

图 10-3 自锁控制线路原理图

自锁控制线路的安装及接线要求与点动控制线路相同。按要求接好线路并经指导教师检查后，方可进行通电操作。

（1）按控制屏启动按钮，接通 220 V 三相交流电源。

（2）按启动按钮 SB_1，松手后观察电动机 M 是否继续运转。

（3）按停止按钮 SB_2，松手后观察电动机 M 是否停止运转。

（4）按控制屏停止按钮，切断实验线路三相电源，拆除控制回路中自锁触头 KM，再接通三相电源，启动电动机，观察电动机及接触器的运转情况。从而验证自锁触头的作用。

（5）实验完毕，将自耦调压器调回零位，按控制屏停止按钮，切断实验线路的三相交流电源。

【任务实施注意事项】

（1）接线时应合理安排挂箱位置，接线要求牢靠、整齐、清楚、安全可靠。

（2）操作时要胆大、心细、谨慎，不许用手触及各电器元件的导电部分及电动机的转动部分，以免触电及发生意外损伤。

（3）通电观察继电器动作情况时，要注意安全，防止碰触带电部位。

【任务知识巩固】

（1）试比较点动控制线路与自锁控制线路从结构上看主要区别是什么？从功能上看主要区别是什么？

（2）自锁控制线路长期工作后可能会失去自锁作用。试分析产生的原因。

（3）在主回路中，熔断器和热继电器热元件可否少用一只或两只？熔断器和热继电器两者可否只采用其中一种就可起到短路和过载保护作用？为什么？

任务 10.2　三相异步电动机正反转控制线路的安装

【任务实施环境】

实施该任务需要用到的材料和工具如表 10-2 所示。

表 10-2 材料工具表

序号	名称	型号与规格	数量	备注
1	三相交流电源	220 V		
2	三相鼠笼式异步电动机	DJ24	1	
3	交流接触器	JZC4-40	2	D61-2
4	按钮		3	D61-2
5	热继电器	D9305d	1	D61-2
6	交流电压表	0~500 V	1	
7	万用电表		1	自备

【任务理论知识】

在鼠笼式异步电动机正、反转控制线路中,通过相序的更换来改变电动机的旋转方向。本实验给出两种不同的正、反转控制线路。

1. 电气互锁正、反转控制线路

鼠笼式异步电动机的电气互锁正、反转控制线路如图 10-4 所示。

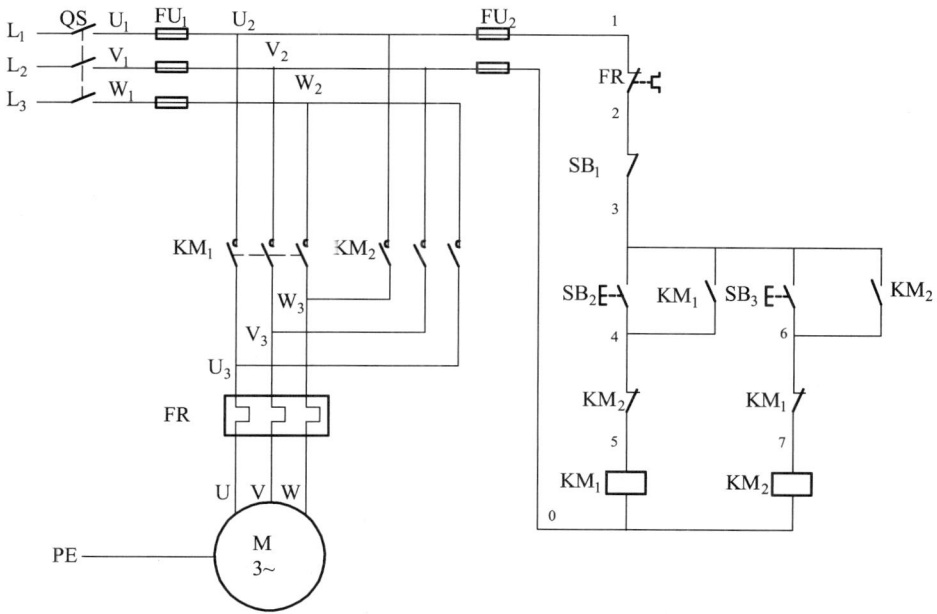

图 10-4 接触器联锁的正、反转控制线路

为了避免接触器 KM_1（正转）、KM_2（反转）同时得电吸合造成三相电源短路，在 KM_2（KM_1）线圈支路中串接有 KM_1（KM_2）动断触头，它们保证了线路工作时 KM_1、KM_2 不会同时得电，以达到电气互锁目的。该线路还同时具有短路、过载失压和欠压保护等功能。

2. 电气和机械双重互锁

鼠笼式异步电动的正、反转控制还可以采用电气和机械双重互锁线路来实现，如图 10-5 所示。

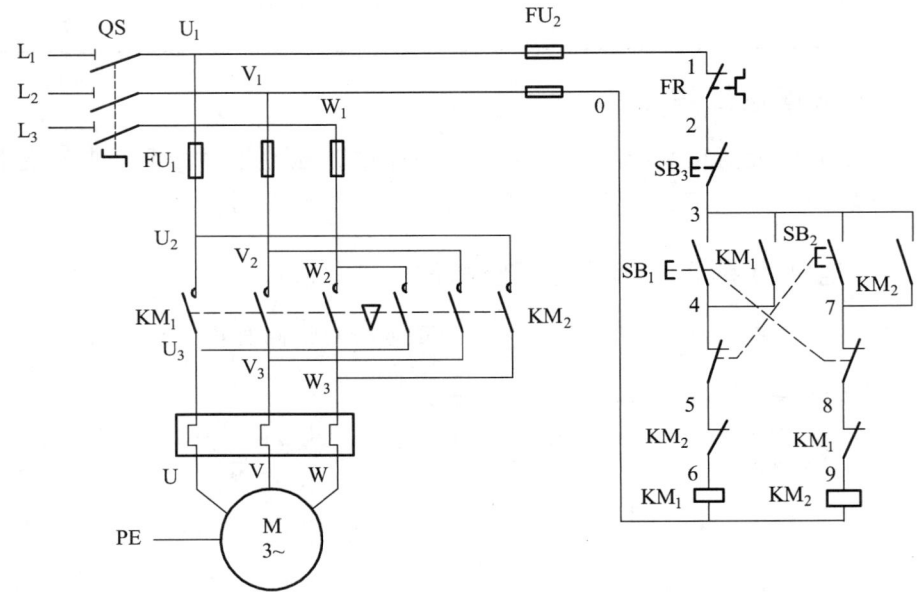

图 10-5　接触器和按钮双重联锁的正、反转控制线路

该控制线路除采用电气互锁外，还采用复合按钮 SB_1 与 SB_2 组成的机械互锁环节，以求线路工作更加可靠。该线路具有短路、过载、失压、欠压保护等功能。

【任务实施步骤及方法】

认识各电器的结构、图形符号、接线方法；抄录电动机及各电器铭牌数据；并用万用电表"Ω"挡检查各电器线圈、触头是否完好。

鼠笼式异步电动机接成△接法；实验线路电源端接三相自耦调压器输出端 U、V、W，供电线电压为 220 V。

1. 接触器联锁的正、反转控制线路

按图 10-4 接线，经指导教师检查后，方可进行通电操作。

（1）开启控制屏电源总开关，按启动按钮，调节调压器输出，使输出线电压为 220 V。

（2）按正向启动按钮 SB_1，观察并记录电动机的转向和接触器的运行情况。

（3）按反向启动按钮 SB_2，观察并记录电动机和接触器的运行情况。

（4）按停止按钮 SB_3，观察并记录电动机的转向和接触器的运行情况。

（5）再按 SB_2，观察并记录电动机的转向和接触器的运行情况。

（6）实验完毕，按控制屏停止按钮，切断三相交流电源。

2. 接触器和按钮双重联锁的正、反转控制线路

按图 10-5 接线，经指导教师检查后，方可进行通电操作。

（1）按控制屏启动按钮，接通 220 V 三相交流电源。

（2）按正向启动按钮 SB_1，电动机正向启动，观察电动机的转向及接触器的动作情况。按停止按钮 SB_3，使电动机停转。

（3）按反向启动按钮 SB_2，电动机反向启动，观察电动机的转向及接触器的动作情况。按停止按钮 SB_3，使电动机停转。

（4）按正向（或反向）启动按钮，电动机启动后，再去按反向（或正向）启动按钮，观察有何情况发生。

（5）电动机停稳后，同时按正、反向两只启动按钮，观察有何情况发生。

（6）失压与欠压保护。

① 按启动按钮 SB_1（或 SB_2）电动机启动后，按控制屏停止按钮，断开实验线路三相电源，模拟电动机失压（或零压）状态，观察电动机与接触器的动作情况。随后，再按控制屏上启动按钮，接通三相电源，但不按 SB_1（或 SB_2），观察电动机能否自行启动。

② 重新启动电动机后，逐渐减小三相自耦调压器的输出电压，直至接触器释放，观察电动机是否自行停转。

（7）过载保护。

打开热继电器的后盖，当电动机启动后，人为地拨动双金属片模拟电动机过载情况，观察电机、电器动作情况。

注意：此项内容，较难操作且危险，有条件可由指导教师作示范操作。

（8）实验完毕，将自耦调压器调回零位，按控制屏停止按钮，切断实验线路电源。

【任务实施注意事项】

（1）接通电源后，按启动按钮（SB_1 或 SB_2），接触器吸合，但电动机不转且发出"嗡嗡"声响，或者虽能启动但转速很慢。这种故障大多是主回路一相断线或电源缺相。

（2）接通电源后，按启动按钮（SB_1 或 SB_2），若接触器通断频繁且发出连续的劈啪声，或吸合不牢发出颤动声，此类故障原因可能是：

① 线路接错，将接触器线圈与自身的动断触头串在一条回路上了。
② 自锁触头接触不良，时通时断。
③ 接触器铁芯上的短路环脱落或断裂。
④ 电源电压过低或与接触器线圈电压等级不匹配。

【任务知识巩固】

（1）在电动机正、反转控制线路中，为什么必须保证两个接触器不能同时工作？采用哪些措施可解决此问题，这些方法有何利弊，最佳方案是什么？

（2）在控制线路中，短路、过载、失压、欠压保护等功能是如何实现的？在实际运行过程中，这几种保护有何意义？

任务 10.3　三相异步电动机顺序控制线路的安装

【任务实施环境】

实施该任务需要用到的材料和工具如表 10-3 所示。

表 10-3　材料工具表

序　号	名　　称	型　号	数量	备注
1	三相鼠笼异步电动机（Δ/220 V）	DJ24	2	
2	继电接触控制挂箱（一）	D61-2	2	
3	继电接触控制挂箱（二）	D62-2	2	
4	灯组负载	DGJ-04	1	
5	白炽灯	220 V/100 W	3	自备

【任务理论知识】

三相异步电动机的顺序控制，是指一台电机启动后另一电动机才能够启动。三相异步电动机的顺序控制可以通过主电路实现，也可以通过控制电路实现。

1. 主电路实现顺序控制

通过主电路实现顺序控制的电路如图 10-6 所示。

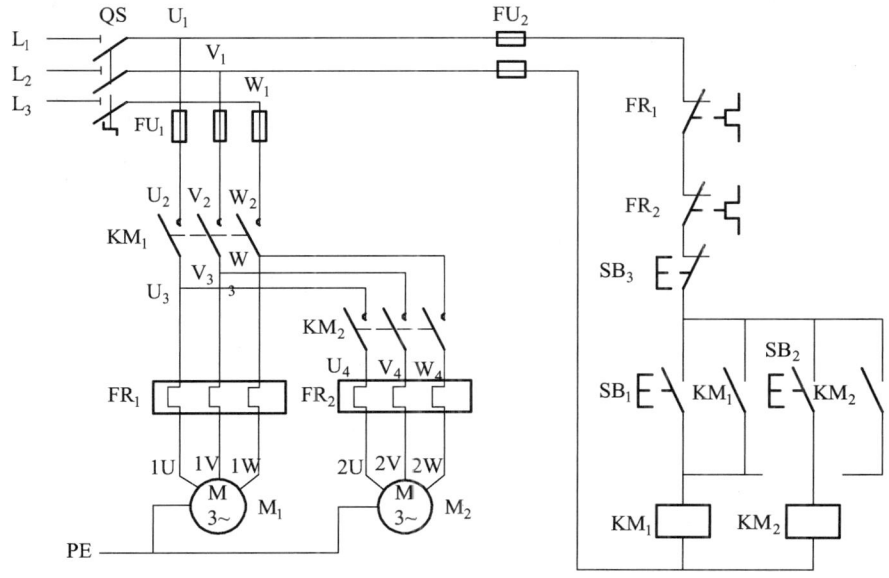

图 10-6　主电路实现顺序控制的电路图

该电路的特点是：不按 SB_1 而直接按 SB_2，则 KM_2 线圈有电，KM_2 主触头闭合，但由于 KM_1 主触头未闭合，所以电动机 M_2 不能转。只有先按 SB_1，使 KM_1 线圈得电，KM_1 主触头闭合后，电动机 M_1 转动；之后再按 SB_2，KM_2 线圈得电，KM_2 主触头闭合，电动机 M_2 才能转动。从而实现两台电机的顺序启动控制。

2. 控制电路实现顺序控制

（1）两台电机顺序启动，同时停止。

电路如图 10-7 所示。该电路的特点是：启动时，先 M_1，后 M_2；停止时，按 SB_3，两台电动机同时停止。

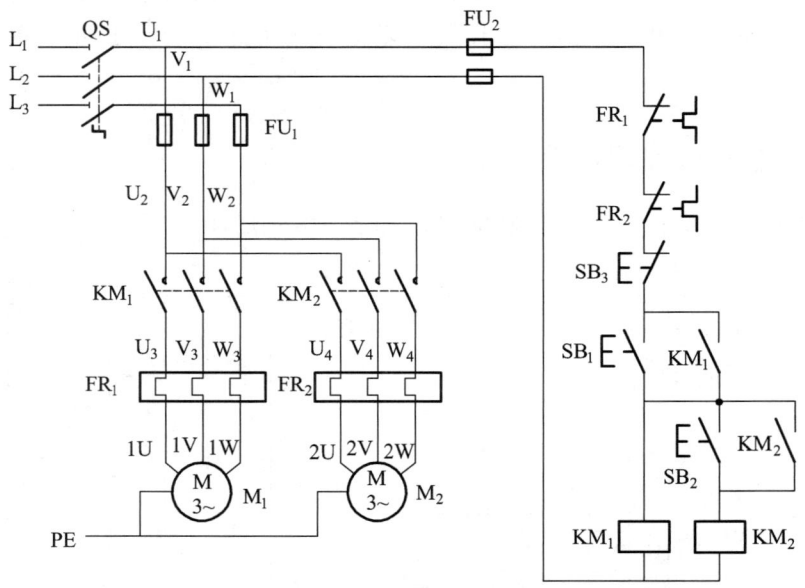

图 10-7　控制电路实现顺序控制的电路图（a）

（2）两台电机顺序启动，后启动的电机可以单独停止，也可以两台同时停止。

电路如图 10-8 所示。该电路的特点是：由 KM_1 的辅助常开触点串入 KM_2 线圈所在支路。

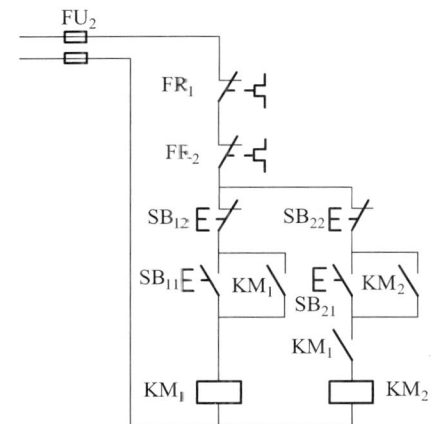

图 10-8 控制电路实现顺序控制的电路图（b）

（3）两台电机顺序启动，逆序停止。

电路如图 10-9 所示。该电路的特点是：启动时，先 M_1，后 M_2；停止时，先 M_2，后 M_1。

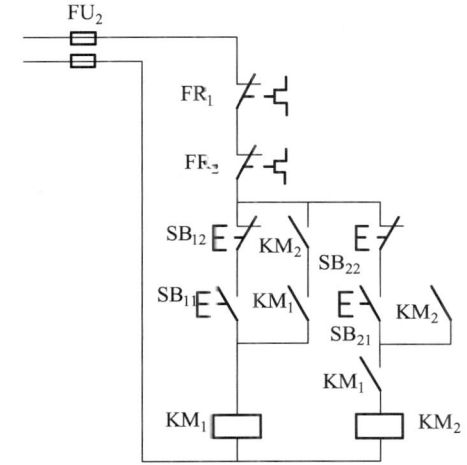

图 10-9 控制电路实现顺序控制的电路图（c）

【任务实施步骤及方法】

（1）按电气电路图配齐对应型号、规格的元件并检验。

（2）在电路板上安装除电动机以外的所有电器元件，选配符合规格的导线。

（3）熟悉各电器主、副触头常开及常闭位置。

（4）将导线拉直后再进行布线。一般是将一根长导线两端绑牢固定，由中间将导线拉直，1 m 内的导线可用钢丝钳夹住导线两端拉直。

（5）按电路图，在各元件和连接线两端做好编号标志。

（6）按电路图，先主电路后控制电路接线，电路板至电动机的连接导线要穿软管保护，电动机外壳要安装接地线。

（7）测试电路的绝缘电阻后通电运行。

（8）接通 220 V 三相交流电源。

（9）按顺序按下相关按钮，观察并记录电机及接触器运行状态。

【任务实施注意事项】

（1）热继电器的热元件要串联在主电路中。

（2）通电前要熟悉线路的操作顺序。

（3）主电路布线应横平竖直，弯角应为直角。布局应合理，不得有交叉叠压现象。

（4）控制电路导线应整齐排放在布线槽内。

（5）接线端子上的压紧螺钉要拧紧。

（6）安装接线完毕后，经指导教师检查后再通电运行。

（7）通电试车时，注意观察电动机、各电器元件及线路各部分工作是否正常，如果发现异常情况，必须立即切断电源开关 QF。

【任务知识巩固】

（1）写出项目中电路图的运行原理流程图。

（2）比较几种顺序控制线路的不同点和各自的特点。

（3）列举几个顺序控制的机床控制实例，并说明其用途。

任务 10.4　三相异步电动机 Y-Δ 降压启动能耗制动控制线路的安装、调试与故障检修

【任务实施环境】

实施该任务需要用到的工具设备包括：三相交流电源、三相鼠笼式异

步电动机、交流接触器、按钮、热继电器、交流电压表、万用表、时间继电器、常用的电工装接工具等。

【任务理论知识】

1. Y-△降压启动原理

启动时,电机接成 Y 形,如图 10-10 所示,每相绕组得到的电压为

$$U_{相} = \frac{U_{线}}{\sqrt{3}} = 220 \text{ V}$$

运行时,电机接成 △ 形,如图 10-11 所示,每相绕组得到的电压为

$$U_{相} = U_{线} = 380 \text{ V}$$

所以 Y 接与 △ 接相比较,每相绕组电压降低,从而可以减小启动电流。

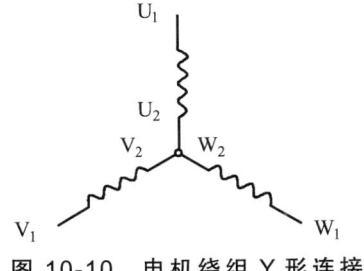

图 10-10　电机绕组 Y 形连接　　　图 10-11　电机绕组 △ 形连接

2. 能耗制动原理

交流电机的能耗制动,就是将运行中的电动机从交流电源上切除并立即接通直流电源,在定子绕组接通直流电源时,直流电沉会在定子内产生一个静止的直流磁场,转子因惯性在磁场内旋转,并在转子导体中产生感应电势有感应电流流过,并与恒定磁场相互作用消耗电动机转子惯性能量产生制动力矩,使电动机迅速减速,最后停止转动。

3. 三相异步电动机 Y-△ 降压启动能耗制动控制线路

电路如图 10-12 所示。

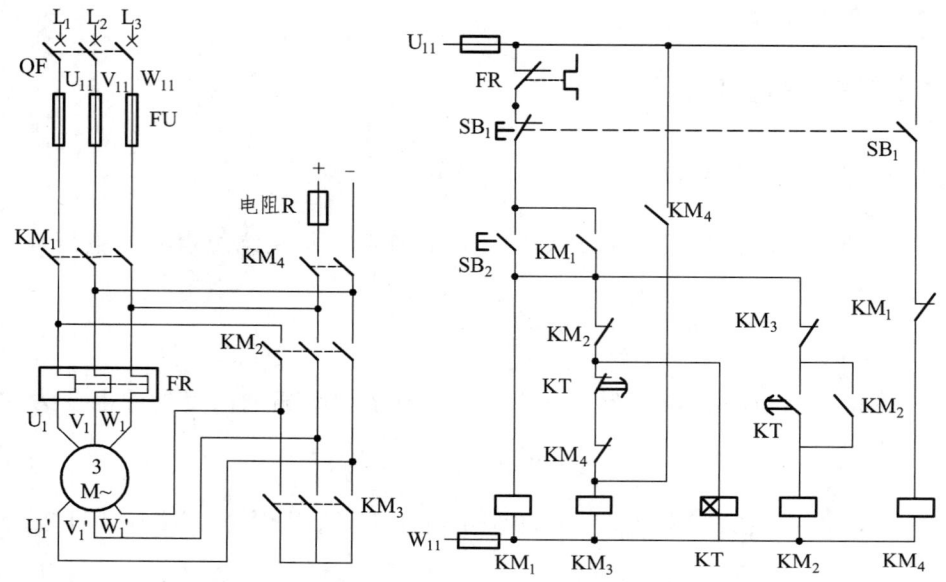

图 10-12　三相异步电动机 Y-△ 降压启动能耗制动控制线路

4．三相异步电动机 Y-△ 降压启动能耗制动控制线路原理分析

1）合上断路器 QF，启动、运行（见图 10-13）

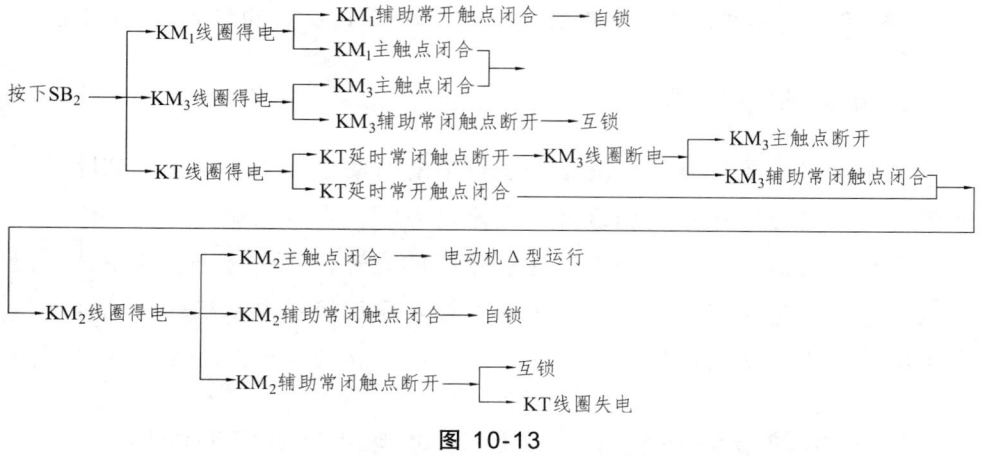

图 10-13

2）停止（能耗制动）（见图10-14）

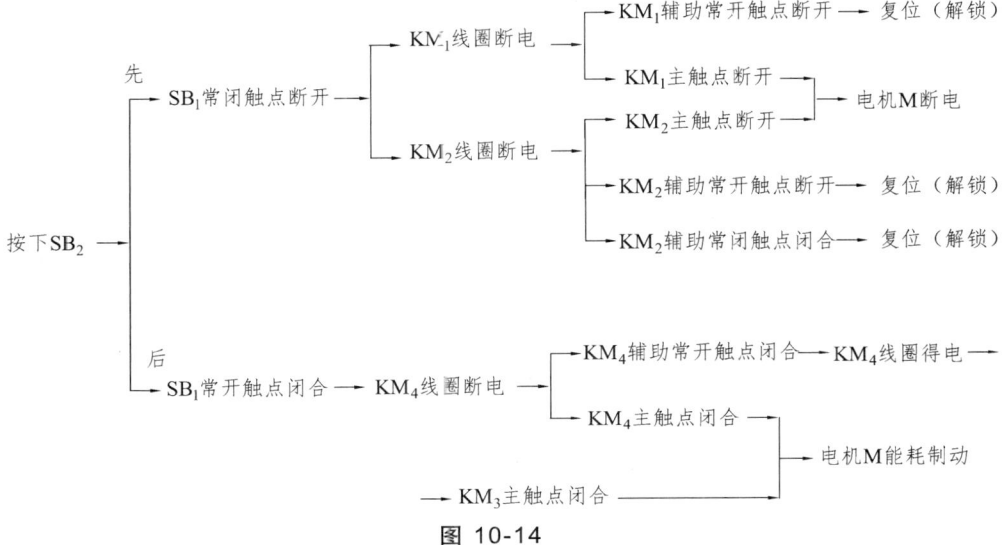

图 10-14

【任务实施步骤及方法】

1. 线路安装与调试

（1）按电气电路图配齐对应型号、规格的元件并检验。

（2）在电路板上安装除电动机以外的所有电器元件，选配合乎规格的导线。

（3）熟悉各电器主、副触头常开及常闭位置。

（4）将导线拉直后再进行布线。一般是将一根长导线两端绑牢固定，由中间将导线拉直，1 m 内的导线可用钢丝钳夹住导线两端拉直。

（5）按电路图，在各元件和连接线两端做好编号标志。

（6）按电路图，先主电路后控制电路接线，电路板至电动机的连接导线要穿软管保护，电动机外壳要安装接地线。

（7）测试电路的绝缘电阻后通电运行。

2. 线路故障检修

（1）故障设置：在控制电路或主电路中人为设置电气自然故障。

（2）教师示范检修：教师进行示范检修时，可把下述检修步骤及要求贯穿其中，直至故障排除。

① 用试验法来观察故障现象。主要注意观察电动机的运行情况、接触器的动作情况和线路的工作情况等，如发现有异常情况，应马上断电检查。

② 用逻辑分析法缩小故障范围，并在电路图上用虚线标出故障部位的最小范围。

③ 用测量法准确、迅速地找出故障点。

④ 根据故障点的不同情况，采用正确的修复方法，迅速排除故障。

⑤ 排除故障后通电试车。

【任务实施注意事项】

（1）热继电器的热元件要串联在主电路中。

（2）自锁触头要与启动按钮 SB_2 并联。

（3）主电路布线应横平竖直，弯角应为直角。布局应合理，不得有交叉叠压现象。

（4）控制电路导线应整齐排放在布线槽内。

（5）接线端子上的压紧螺钉要拧紧。

（6）安装接线完毕，经指导教师检查后再通电运行。

（7）在排除故障的过程中，分析思路和排除方法要正确。

（8）工具和仪表使用要正确。

【任务知识巩固】

（1）试述三相异步电动机 Y-Δ降压启动能耗制动控制线路的工作原理。

（2）试述三相异步电动机 Y-Δ降压启动能耗制动控制线路的安装接线步骤。

（3）试述电动机基本控制线路故障检修的一般步骤和方法。

项目 11　变频器的使用、维护及故障检修

【项目学习目标】

（1）理解和掌握变频器的原理和使用方法。
（2）能够熟练、规范、安全地使用变频器。
（3）熟知变频器日常检查和定期维护检查的项目及方法，通用变频器常见故障原因的分析、处理及维修方法。

【项目实施环境】

实施该项目需要有三菱变频器、电动机、万用表等。

任务 11.1　变频器的使用

【任务理论知识】

变频器是一种利用电力半导体器件的通断作用，将工频交流电变换成频率、电压连续可调的交流电的电能控制装置。

变频调速是通过改变交流异步电动机的供电频率进行调速的。由于变频调速具有性能良好、调速范围大、稳定性好、运行效率高等特点，特别是采用通用变频器对笼型异步电动机进行调速控制，使用方便，可靠性高，经济效益显著。所以交流电动机变频调速技术的应用已经扩展到了工业生产的所有领域，并且在空调、电冰箱、洗衣机等家电产品中也得到了广泛应用。

1．通用变频器的结构

通用变频器的简化结构及内部结构如图 11-1 和图 11-2 所示。

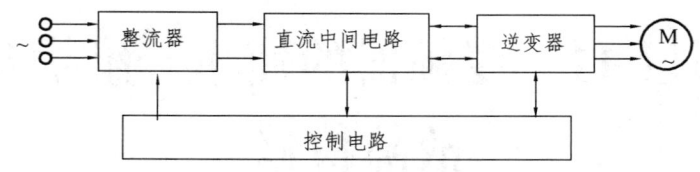

图 11-1 简化结构框图

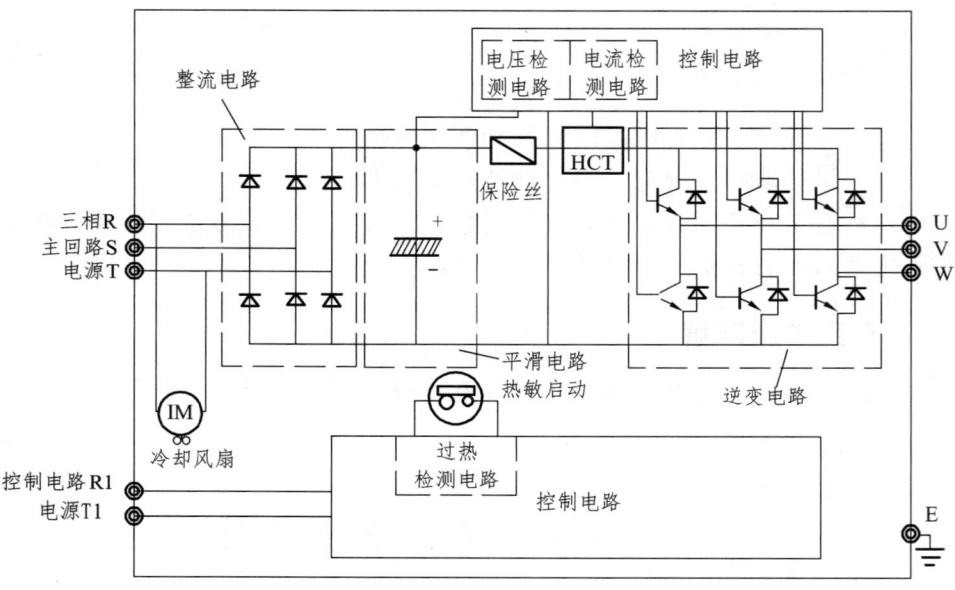

图 11-2 内部结构框图

通用变频器硬件结构一般由以下几部分组成。

（1）整流单元：二极管整流模块。

（2）逆变单元：三相桥式逆变电路。

（3）滤波单元：电解电容。

（4）计算机控制单元：用于控制整个系统的运行，是变频器的核心。

（5）主电路接线端子：电源接线端子、电动机接线端子、直流电抗器接线端子、制动单元和制动电阻接线端子。

（6）控制电源接线端子：外接电源给计算机控制单元。

（7）控制端子：用于控制变频器的启动、停止、外部频率信号给定、故障报警输出等。

（8）冷却风扇：用于变频器机体内的通风。

（9）功能单元（操作面板）：用于设定变频器的功能及频率。

（10）旁路接触器：用于旁路直流主电路上的限流电阻。

2．三菱变频器的功能单元

三菱变频器的操作面板如图 11-3 所示。通过操作面板可以实现以下功能及操作：

（1）显示频率、电流、电压等。

（2）设定操作模式、操作命令、功能码。

（3）读取变频器运行信息和故障报警信息。

（4）监视变频器运行。

（5）变频器参数的自整定。

（6）故障报警状态的复位。

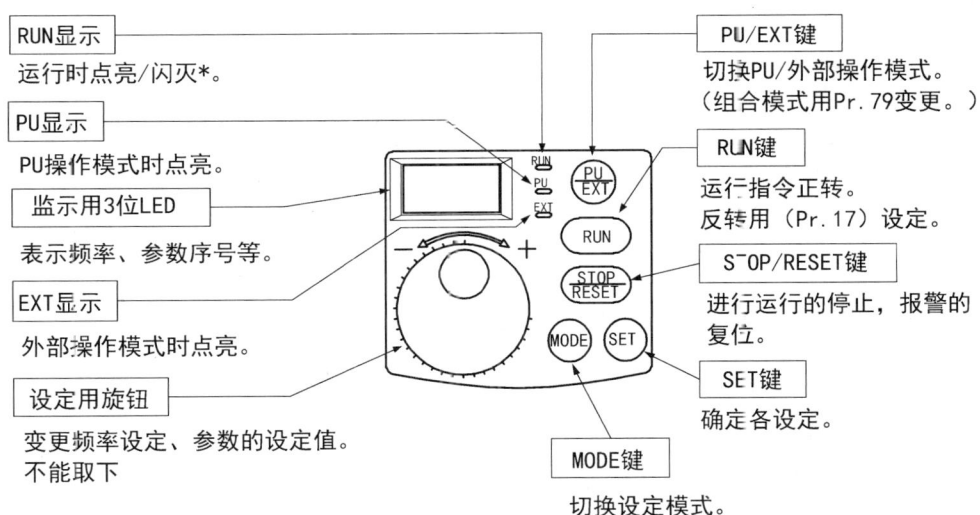

*运行显示
  点亮：正转运行中
  慢闪灭（1.4秒1次）：反转运行中
  慢闪灭（1.4秒1次）：非运行，(RUN) 键或有启动指令。

图 11-3 变频器操作面板

3．变频器的基本功能参数

变频器的基本功能参数如表 11-1 所示。

表 11-1　变频器的基本功能参数

参数	外称	表示	设定范围	最小设定单位	出厂设定值	用户设定值
0	转矩提升	P 0	0～15%	0.1%	6%	
1	上限频率	P 1	0～120 Hz	0.1 Hz	50 Hz	
2	下降频率	P 2	0～120 Hz	0.1 Hz	0 Hz	
3	基波频率	P 3	0～120 Hz	0.1 Hz	50 Hz	
4	3 速设定（高速）	P 4	0～120 Hz	0.1 Hz	50 Hz	
5	3 速设定（中速）	P 5	0～120 Hz	0.1 Hz	30 Hz	
6	3 速设定（低速）	P 6	0～120 Hz	0.1 Hz	10 Hz	
7	加速时间	P 7	0～999 s	0.1 s	5 s	
8	减速时间	P 8	0～999 s	0.1 s	5 s	
9	电子过电流保护	P 9	0～50 A	0.1 A	额定输出电流	
30	扩张功能显示选择	P 30	0，1	1	0	
79	操作模式选择	P 79	0～4，7，8	1	0	

4．变频器的工作原理

三菱变频器是利用电力半导体器件的通断作用将工频电源变换为另一频率的电能控制装置。我们现在使用的变频器主要采用交—直—交方式（VVVF 变频或矢量控制变频），先把工频交流电源通过整流器转换成直流电源，然后再把直流电源转换成频率、电压均可控制的交流电源以供给电动机。变频器的电路一般由整流环节、中间直流环节、逆变环节和控制环节 4 个部分组成。整流环节为三相桥式不可控整流器，逆变环节为 IGBT 三相桥式逆变器，且输出为 PWM 波形，中间直流环节为滤波、直流储能和缓冲无功功率。

【任务实施步骤及方法】

1. 基本操作

以出厂设定为例，基本操作如图 11-4 所示。

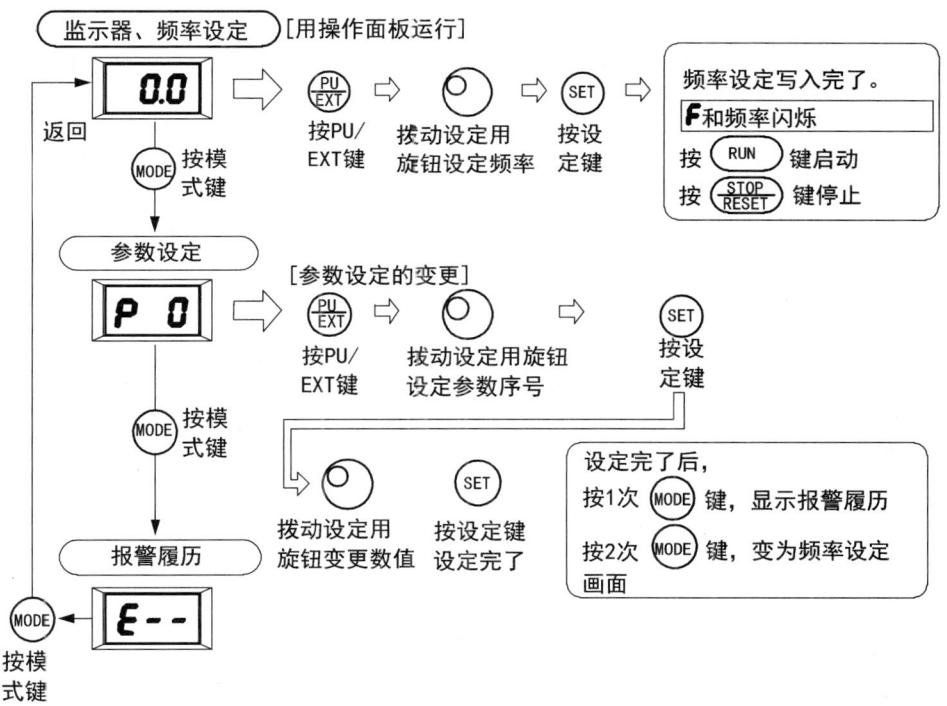

图 11-4　出厂设定

2. 设定频率运行

以设定 30 Hz 运行频率为例，基本操作如图 11-5 所示。

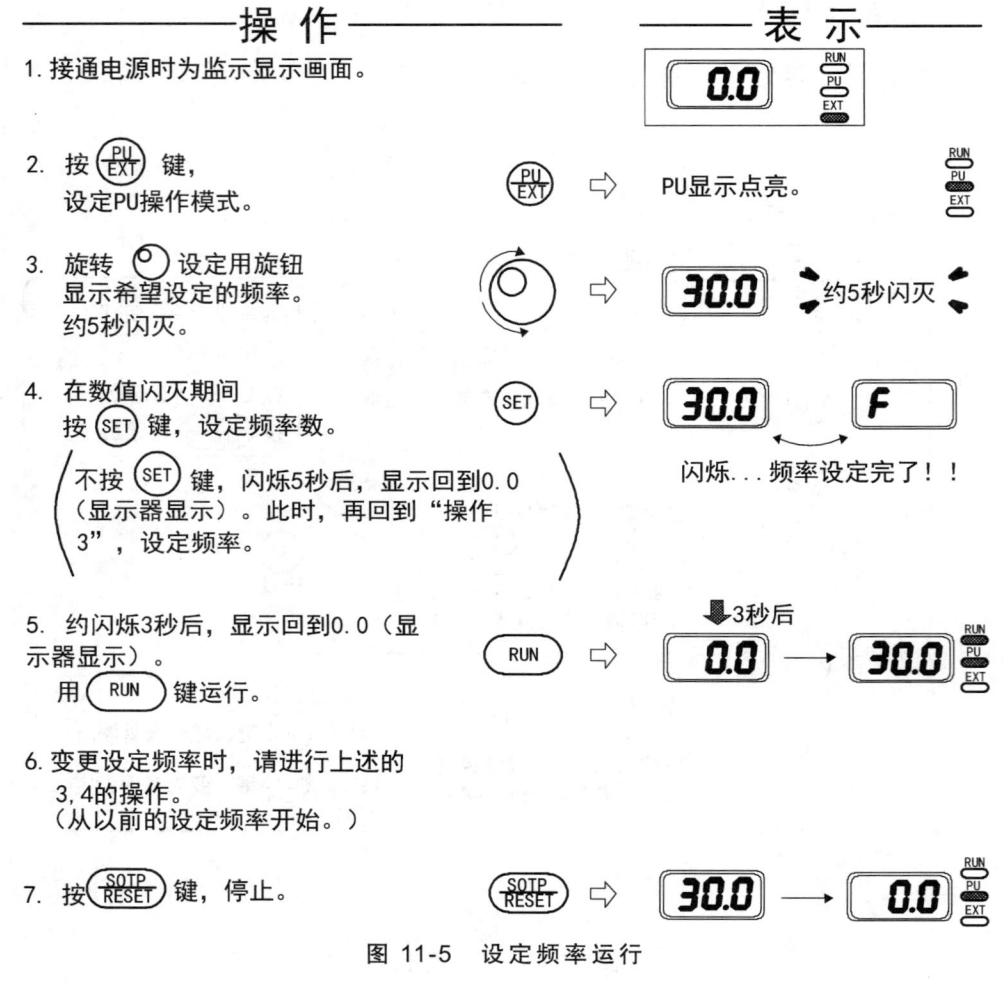

图 11-5 设定频率运行

3. 参数设定

把 Pr.7 的设定值从"5 秒"变到"10 秒"的操作如图 11-6 所示。
参数的详细说明请参照使用手册。

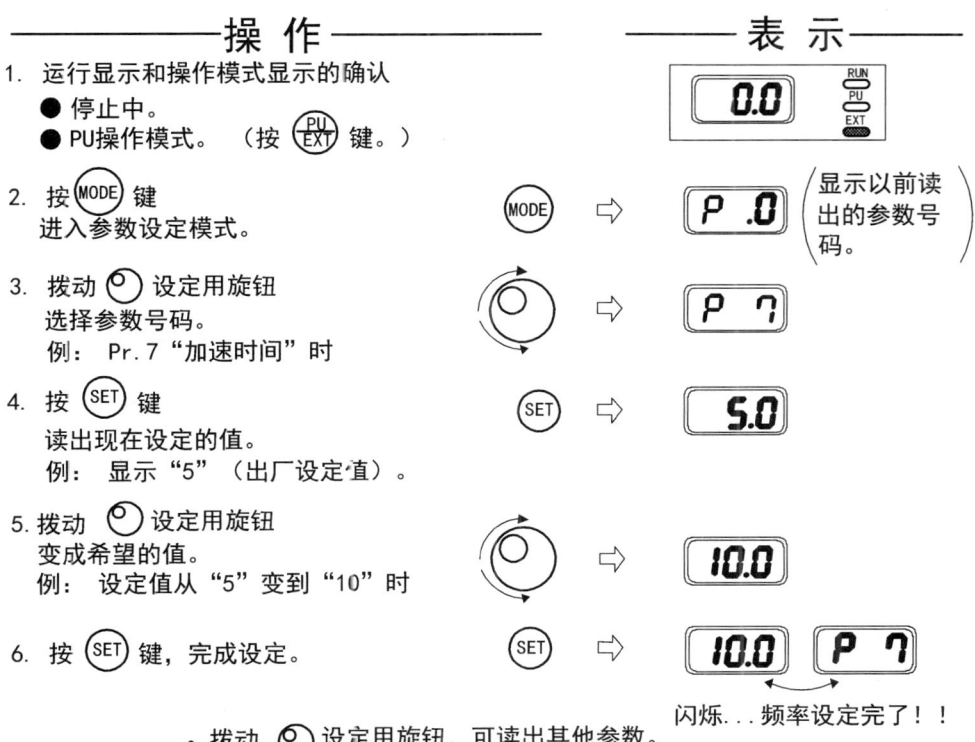

图 11-6 参数设定

【任务实施注意事项】

（1）工作环境温度 -10 ℃ ~ +40 ℃，工作环境的变化不大于 ±5 ℃/h。

（2）空气的最大相对湿度不超过 90%，每小时相对湿度的变化率不超过 5% 且不得出现凝露。

（3）运行地点无导电或爆炸尘埃，无腐蚀金属或破坏绝缘的气体或蒸汽。

（4）对变频器应采取减振措施，以避开共振频率。

（5）电动机上不可并接改善功率因数用的大电容。

（6）不可将三相输入改成两相输入，否则会出现缺相保护。

（7）低频运行时要考虑电动机自带风扇效果、润滑效果情况，高频运行时要考虑轴承的承受能力。

【任务知识巩固】

（1）简述变频器的工作原理。

（2）什么是 PWM 技术？

任务 11.2　变频器的维护及故障检修

【任务理论知识】

尽管新一代变频器的可靠性已经很高，但变频器是以半导体元件为核心构成的静止装置，因此仍会因温度、湿度、尘埃、振动等使用环境的影响及零部件老化等原因而发生故障。另外，变频器中使用的滤波电容器、冷却风扇等属于消耗性器件，也需要根据使用情况及时予以更换。可见变频器的日常检查和定期维护必不可少。如果使用合理、维护得当，能够延长变频器的使用寿命，并减少因突发故障造成的生产损失。

1. 变频器的日常检查

变频器在运行过程中，可以从设备外部目视检查运行状况有无异常现象，其主要检查项目有：

（1）安装地点的环境是否异常；

（2）电源电压是否在允许范围内；主回路电压和控制回路电压是否正常；变频器的三相输出电压是否平衡；

（3）冷却系统运转是否正常；变频器和电动机是否有异常振动或声音；

（4）变频器、电动机、变压器、电抗器等是否过热、变色或有异味；

（5）外部连接导线有无松动、发热现象；

（6）滤波电容器是否有异味，小凸肩（安全阀）是否胀出；

（7）变频器的运行参数是否在规定范围内；各种显示是否正常等。

2. 变频器的定期检查及维护

为了防止元器件老化和异常等情况造成故障，变频器在使用过程中，必须定期进行保养维护，根据需要更换老化的元器件。定期维护应放在暂时停产期间，在变频器停机后进行。

做变频器定期检查时必须注意，即使切断电源，主电路直流部分滤波电容器放电也需要时间，须待充电指示灯熄灭后，用万用表等确认直流电压已降到安全电压（直流25V以下），方可打开机壳进行检查。

一般的定期检查应每一年进行一次。定期检查的重点是变频器运行时无法检查的部位，检查的主要项目及维护方法见表11-2。需要注意的是，使用压缩空气对变频器进行清洁时，应装设气水分离器。防止压缩空气中的水黏附在变频器的电路板上造成故障。

表 11-2　定期检查的主要项目及维护方法

主要项目		维护方法
冷却系统	冷却风机	冷却风机是全密封的，不需对其进行清洁和润滑。但应注意，清洁散热器时，应先将扇叶固定，然后再使用压缩空气操作，以保护冷却风机轴承。冷却风机损坏的前兆是轴承的噪声增大，或清洁的散热器温升高于正常水平。当变频器用于重要场合时，请在上述前兆出现时及时更换冷却风机。 变频器频繁出现过温警告或故障，则说明可能冷却风机工作状态异常
	散热器	在正常的使用条件下，散热器应每年清洁一次。运行在污染较严重的场合，散热器的清洁工作应频繁一些。当变频器不可拆卸时，请使用柔软的毛刷清洁散热器。如果变频器可以移动或在户外进行清洁，可使用压缩空气清洁散热器
电解电容器		目视电解电容器是否有漏液和变形的情况。一般情况下，电解电容的使用寿命为 100 000 h，电容值应大于标称值的85%。实际使用寿命由变频器的使用方法和环境温度决定。降低环境温度可以延长其使用寿命，电容的损坏不可预测
接触器、充电电阻		检查中间直流环节的接触器触点是否粗糙，充电电阻是否有过热的痕迹，绝缘电阻是否在正常范围内
接线端子、控制电源		检查螺钉、螺栓等紧固件是否松动，进行必要的紧固；检查导体、绝缘物和变压器是否有腐蚀、过热的痕迹，是否变色或破损；确认控制电源电压是否正常，确认保护、显示回路有无异常

3. 变频器的故障检修

1) 参数设置类故障

通用变频器在使用中，参数设置非常重要。如果参数设置不正常，参数不匹配，就会导致通用变频器不工作、不能正常工作或频繁发生保护动作甚至损坏。一般通用变频器都做了出厂设置，对每一个参数都有一个默认值，这些参数称为出厂值。有时出厂值不能满足传动系统的要求，要重新设置或修改参数。一旦发生了参数设置类故障，通用变频器就不能正常运行了，可根据故障代码或产品说明书进行参数修改。否则，应恢复出厂值，重新设置。如果不能恢复正常运行，就要检查是否发生了硬件故障。

2) 过电流跳闸的原因分析

（1）重新启动时，一升速就跳闸。这是过电流十分严重的表现。主要原因有：负载侧短路；工作机械卡阻；逆变管损坏；电动机的启动转矩过小，拖动系统转不起来。

（2）重新启动时，并不立即跳闸，而是在运行（包括升速和降速运行）过程中跳闸。可能的原因有：升速时间设定太短；降速时间设定太短；转矩补偿设定较大，引起低频时空载电流过大；电子热继电器整定不当，动作电流设定得太小，引起误动作。

3) 过电压、欠电压跳闸的原因分析

（1）过电压跳闸。主要原因有：电源电压过高；减速时间设定太短；减速过程中，再生制动的放电单元工作不理想。如果因来不及放电而造成过电压故障，应增加外接制动电阻和制动单元；如果有制动电阻和制动单元，那么可能是放电支路实际不放电。

（2）欠电压跳闸。可能的原因有：电源电压过低；电源缺相；整流桥故障。

4) 电动机不转的原因分析

（1）功能预置不当。一般原因有：上限频率与最高频率或基本频率与最高频率设定矛盾，最高频率的预置值必须大于上限频率和基本频率的预置值；使用外接给定时，未对"键盘给定/外接给定"的选择进行预置；其他的不合理预置。

（2）使用外接给定方式时，无"启动"信号。当使用外接给定信号时，必须由启动按钮或其他触点来控制其启动。如不需要由启动按钮或其他触点控制时，应将 RUN 端（FWD 端）与 GND 端之间短接起来。

（3）其他可能的原因有：机械卡阻现象；电动机的启动转矩不够；变频器发生电路故障。

【任务实施步骤及方法】

（1）当变频器发生故障后，可根据任务理知识中所列现象分析原因，进而排除故障。

（2）如果变频器有故障诊断显示数据，其处理方法是：查找变频器使用说明书中有关指示故障原因的内容，找出故障部位，可根据变频器使用说明书指示的部位重点进行检查，排除故障。

【任务实施注意事项】

（1）操作者必须熟悉变频器的结构、基本原理、功能特点和指标等，具有操作变频器运行的经验。

（2）维护检修前必须切断电源，且必须在确认主电路滤波电容器放电完成，电源指示灯熄灭后再作业，以确保操作者的安全。

（3）变频器出厂前，生产厂家都对其进行了初始设定，一般不能随意改变。初始设定改变后再次恢复，一般需要初始化操作。

（4）在通电状态下，不允许进行改变接线或拔插连接件等操作。

（5）当变频器发生故障而无故障显示时，注意不能再轻易通电，以免引起更大的故障。此时，应断电后查找故障原因。

【任务知识巩固】

（1）变频器日常检查的主要项目有哪些？

（2）变频器的常见故障类型有哪些？对于参数设置类故障应如何处理？

变频器调试系统中，造成电动机不转的故障原因有哪些？

参考文献

[1] 程建龙,屈红,杨逢泉. 电力拖动控制线路与技能训练. 北京:中国电力出版社,2006.

[2] 刘文革. 实用电工电子技术基础. 北京:中国铁道出版社,2010.

[3] 郭江,孔祥荣. 实用电工电子实训教程. 成都:西南交通大学出版社,2008.

[4] 张仁醒. 电工技能实训基础. 西安:西安电子科技大学出版社,2006.